제철 재료 듬뿍

채소 과일 레시피

제철 재료 듬뿍

채소 과일 레시피

박경희 지음

터치아트

계절마다 생각나는 소울푸드

어린 시절, 어머니는 2월이면 언 땅을 헤집고 냉이를 캐오셨다. 겨울이라 잎은 얼어 녹아 없어졌으나 손가락 굵기보다 더 굵고 긴 냉이 뿌리였다. 생것으로 씹으면 냉이 향과 함께 매운맛과 단맛이 진하게 났다. 굵은 냉이 뿌리는 살짝 데쳐서 매콤하게 무치거나 생콩가루에 버무려 쪄서 간식으로 먹었다.

봄에는 화살나무의 새순인 홑잎과 두릅을 들기름과 소금 간만으로 무쳐 밥에 얹어 먹었다. 쑥에 쌀가루를 넣고 버무린 쑥떡, 새콤하게 무친 달래나물 들로 봄날의 밥상은 언제나 신선했다. 여름에는 호박, 오이, 고추를 이용한 비빔국수, 냉국, 고추장떡을 먹었고, 가을에는 싸리버섯과 능이버섯 등 야생버섯을 볶거나 국을 끓여주셨다. 겨울이 오면 흙 속에 묻어두었던 무, 배추, 파 등을 하나씩 꺼내 먹고는 했는데 그늘에서 자라 잎이 노랗게 올라온 파를 연탄불에 구워 굵은소금에 찍어 먹던 기억이 새롭다. 불 향이 진하게 나는 달큰한 맛의 파구이였다. 수십 년이 흘렀어도 그 계절이 아니면 먹을 수 없었던 '어머니의 음식'에 대한 기억이다.

여전히 나에게는 사계절 '소울푸드'가 있다. 봄에는 따뜻한 냉이국밥과 홑잎나물무침, 여름엔 애호박비빔국수와 오이냉국, 가을엔 호박고추장수제비와 무조림, 겨울에는 늙은호박김치찌개와 생강조청에 푹 담근 찹쌀떡을 만들어 먹는다. 계절이 바뀔 때면 어린 시절부터 먹었던 익숙한 맛과 향이 그리워 만드는 음식들이다. 이제는 계절과 관계없이 언제든 초록의 잎채소를 구할 수 있고 수박과 딸기를 한겨울에도 먹을 수 있으니 제철 음식의 경계는 허물어진 지 오래다. 그럼에도 불구하고 자연의 흐름을 거스르지 않은 햇볕과 바람, 물과 흙, 시간의 결과물인 제철 재료로 만든 음식이 우리 몸이 원하는 온전한 음식이라 생각한다.

이 책에는 제철에 나는 재료들을 주로 이용해 만든 순 식물성 음식 180여 가지를 담았다. 한국인의 소울푸드인 잡채, 국밥, 전골부터 샌드위치와 샐러드까지 동물성 재료를 넣지 않은 채소와 과일을 주재료로 맛과 영양이 풍부한 음식을 만들어보았다. 잘 숙성된 전통 발효간장과 천일염만으로 짠맛과 감칠맛을 냈고, 몇 가지 마른 식물과 자투리 채소들로 채수를 만들어 국과 수프 등의 국물 맛을 냈다. 우엉, 더덕 등의 거친 껍질도 버리지 않으며, 당근은 물론 당근잎도, 맛이 들지 않은 과일도 식재료로 활용했다. 빨강, 노랑, 초록, 검정, 흰색 등 재료가 지닌 고유의 색은 저마다 다른 영양과 효능을 지니고 있으니 한 그릇에 골고루 담아 한 끼를 완성하기도 했다.

채소와 과일을 음식의 부재료가 아닌 주재료로 올리면 재료 선택의 폭이 넓어진다. 굳이 레시피에 얽매일 필요도 없다. 배추나 시금치가 없다면 집에 있는 다른 채소로 얼마든지 대체할 수 있으니 재료 때문에 고민하지 않아도 된다. 냉장고 속 채소를 모아 가볍게 찐 채소찜만으로도 부족함 없이 한 끼를 해결할 수 있다. 먹을 것이 귀하던 시절, 산과 들의 야생식물들을 억센 것은 삶고 쓴 것은 우려내며 뿌리부터 껍질까지 모두 밥상에 올렸던 지혜로운 옛 어른들 덕분이다.

　요즘은 먹을 것이 지나치게 풍족하고, 식생활에서 육식의 비중이 높아져 생기는 건강 문제 때문에 새삼 채식이 주목받는다. 공장식 사육 방식의 육류, 화학첨가물이 든 자극적인 음식을 과하게 먹으면 속이 불편하거나 탈이 나기도 한다. 유통기한이 긴 수입식품과 가공식품들은 간편하긴 해도 몸에 이로울 리 없다. 그에 비해 제철에 나는 신선한 채소와 과일, 곡물로 만든 음식은 배부르게 듬뿍 먹어도 소화에 부담이 없고 몸이 가벼워지는 경험을 하게 된다.

　'밥은 곧 생명'이기에 제철 재료로 만든 정성이 깃든 음식이야말로 그 어떤 영양제나 건강보조식품보다 우리 몸과 마음의 건강을 지키는 보약이라고 생각한다.

2024년 봄
지은이

차례

여름

가을

겨울

일러두기

· 레시피는 2인분을 기준으로 했다.

· 레시피 양념에 분량을 넣지 않은 것은 조금 넣거나 취향에 따라 가감한다.

· 간장, 된장 등은 제품에 따라 염도가 다르므로 직접 맛을 보며 양을 조절한다.

· 레시피에 제시한 재료와 양념은 집에 있는 것들을 우선적으로 활용한다.

음식 맛을 돋우는
기본 양념

양념은 원재료의 성질을 끌어내고, 숨기고, 드러내고, 눌러주며, 재료와 재료를 조화롭게 만들어 최고의 맛을 낸다. 음식의 맛과 영양을 해치지 않기 위해서는 좋은 재료로 만든 양념이 중요하고, 만들고자 하는 음식에 알맞게 사용해야 한다. 특히 간장, 된장, 고추장 등은 유산균이 살아 있는 전통 발효장을 적극 추천한다. 만드는 곳마다 재료와 맛이 모두 다르므로 여러 가지를 구입해 맛본 후 입맛에 맞는 장을 선택한다.

소금 음식 맛을 내는 으뜸 양념이다. 천일염은 3년 이상 간수를 뺀 것을 사용하는 것이 좋으므로 믿을 만한 곳에서 구입한다. 긴 시간을 거치며 숙성 발효된 소금은 짠맛이 부드러우며, 달고 감칠맛이 난다. 비싼 소금보다는 생산 과정이 확실한 국내산 소금을 추천한다.

간장 햇간장을 직접 담글 때는 햇볕과 자연 바람으로 달인다. 잘 달여진 간장은 맛이 순하고 깔끔하다. 오래된 간장과 햇장을 섞어 겹장을 만들기도 하는데 맛이 더욱 부드럽고 풍미가 깊다. 맛간장, 조미간장 등을 따로 구입하지 않아도 한국 요리, 서양 요리, 무침, 조림, 국물 요리 등 모두 전통 발효간장 한 가지면 맛을 낼 수 있다.

된장 메주, 소금, 물을 넣고 발효시킨 전통된장을 사용한다. 된장 역시 묵은 된장과 햇된장을 섞어 겹장을 만들기도 한다. 찌개, 국은 물론 생된장을 활용한 무침, 비빔양념으로 사용한다. 잘 숙성된 된장은 맛이 달고 구수해 따뜻한 물을 부어 차처럼 마시기도 한다.

고추장 찹쌀고추장, 보리고추장, 밀고추장 등이 있다. 찰지고 단맛이 나
는 찹쌀고추장은 무침, 초장, 쌈장 등에 활용하고 식감이 거칠고
구수한 맛이 나는 보리고추장은 찌개나 탕 등에 사용하면 좋다. 고추장을
구입할 때 성분을 살펴보고 입맛에 맞는 것을 선택한다.

고추 청고추, 홍고추, 마른 고추, 매운 고추, 고춧가루, 고추씨, 실고추 등
을 사용한다. 마른 통고추는 저장해두고 필요할 때마다 조금씩 갈
아서 쓰거나 실고추로 활용한다. 바로 간 고춧가루는 향이 달다. 고추가 가
장 맛있는 가을에 종류별로 조금씩 구입해 냉동하거나 말려서 사용한다.

설탕 원당과 유기농 황설탕을 사용한다. 원당은 사탕수수를 착즙해 수분
만 날린 비정제 설탕으로 미네랄과 영양분이 풍부하다. 단맛과 음
식의 감칠맛을 낼 때 사용한다. 황설탕은 화학적으로 정제하지 않은 단순
정제 설탕으로 피클, 과일청 등을 만들 때 주로 쓴다.

조청 곡식으로 만든 천연 감미료로 시간과 정성을 들인 전통제조방식으
로 만든다. 부드러운 단맛과 풍부한 감칠맛이 있다. 조림이나 볶음
에 사용하면 음식에 윤기가 흘러 먹음직스럽다.

식초 음식 맛을 끌어올릴 뿐 아니라 부패를 막는 유용한 식품이다. 좋은
식초는 음료로 마시면 약이 된다. 토마토식초, 사과식초는 샐러드,
무침 등 즉석 음식 양념으로 사용한다. 향이 강한 현미식초는 피클, 절임 등
보관용 음식에 사용한다. 맛과 질에 비해 가격도 부담 없다.

기름 참기름, 들기름, 현미유, 콩기름, 올리브유, 고추기름 등이 있다. 참
기름, 들기름은 저온으로 볶아 압착 방식으로 짠 것이 영양분 손실
이 적고, 맛도 부드럽고 신선하다. 현미유와 콩기름은 주로 볶음, 튀김, 부침

등에 사용하고 올리브유는 종류에 따라 차이가 있으나 샐러드소스와 오일 절임 등에 사용한다. 고추기름은 고춧가루와 현미유를 활용해 조금씩 만들어 무침, 볶음, 탕 등에 풍미를 낼 때 사용한다.

맛물 말린 재료로 만들어 구수하고 깊은 맛을 내는 맛물은 작두콩, 둥굴레, 겨우살이, 현미, 옥수수 등을 덖은 것을 사용한다. 재료가 없으면 현미누룽지차, 둥굴레차 등을 활용한다. 다시마나 말린 표고버섯을 함께 넣으면 맛이 좀 더 깊어진다. 밥물, 찌개, 국은 물론 차로도 마신다. 생채소를 이용한 맛물은 파뿌리, 양파껍질, 양배추 겉잎, 무, 당근, 배추 등의 자투리 채소나 뿌리와 껍질을 활용한다. 샤브샤브, 맑은국, 냉국 등에 쓴다.

발효액 · 청 채소와 과일에 설탕을 넣고 오랜 시간 숙성시킨 발효액, 채소와 과일에 설탕을 넣고 설탕이 녹으면 바로 사용할 수 있는 청으로 구분할 수 있다. 발효액은 매실, 오미자, 산야초 등으로 만드는데 숙성 과정에서 새로운 성분과 맛을 낸다. 청은 주로 레몬, 유자, 생강, 매운 홍고추 등으로 만드는데 모두 양념과 음료로 사용할 수 있다. 건져낸 과육이나 채소도 장아찌, 김밥, 샐러드 등의 재료로 활용한다.

과일소금 향이 있는 레몬이나, 유자, 하귤 등을 소금에 절여 숙성시킨 후 천연 조미료로 활용한다. 레몬을 큼직하게 잘라서 소금으로 절이면 겉껍질까지 흐물흐물해지며 감칠맛이 난다. 유자나 하귤은 얇게 벗긴 겉껍질을 말리거나 생 껍질을 곱게 가루로 만들어 소금과 함께 섞어서 사용한다. 소스, 무침, 샐러드, 구이, 국물 요리 등에 상큼하고 화려한 맛을 낼 수 있다.

건강한 식재료
장보기

건강한 식재료를 믿고 살 수 있는 대표적인 곳으로는 소비자생활협동조합, 로컬푸드 판매장, 직거래 장터 등을 들 수 있다. 우리밀, 화학처리하지 않은 김, GMO 걱정 없는 국내산 현미유는 물론 자주 상에 올리는 두부, 콩나물, 대파, 양파 등을 안심하고 구매할 수 있다.

소비자생활협동조합
조합원이 주인인 곳으로 물품 선정과 가격 등을 생산자와 소비자가 의논해 결정한다. 집 가까운 곳에 매장이 있는지 찾아보고 조합원으로 가입하면 이용할 수 있다. 매장에서 직접 장보기를 하거나 온라인으로 구매해 공급받을 수도 있다. 일 년 전에 가격을 결정하므로 수확량 변동에 따른 가격 폭등에서 어느 정도 자유롭다. 주로 친환경 물품이며, 재배 환경과 생산 이력을 알 수 있다. 생활협동조합마다 추구하는 가치가 조금씩 다르므로 잘 살펴보고 자신에게 맞는 곳을 선택한다. 한살림, 두레생협연합, 자연드림 등이 있다.

지역 로컬푸드 판매장
살고 있는 지역의 가까운 곳에서 농사지은 제철 재료를 가장 많이 볼 수 있는 곳이다. 쌀부터 가공식품, 매일 바뀌는 신선한 채소 과일이 있다. 소량으로 생산하는 토종 잡곡, 채소 등 다양한 재료를 구할 수 있다. 지역에 따라 즉석에서 만들어 파는 국산콩 두부, 빵, 떡은 물론 맥주, 막걸리, 김치 등 지역 특산물을 구입할 수 있다.

직거래 장터와 꾸러미 도시 지역에서 주로 주말에 열리는 장터들이다. 소규모로 농사짓는 농민, 가공식품 생산자들이 질 좋은 상품을 판매한다. 행사장에는 각종 이벤트도 풍부해 구경하는 재미가 있다. 일주일에 한 번 받는 꾸러미, 생산자들이 직접 운영하는 온라인 쇼핑몰도 많다. 마르쉐, 양평 두물뭍농부시장, 언니네텃밭, 무릉외갓집, 지자체에서 운영하는 임산부 꾸러미 등이 있으니 온라인 검색을 통해 집 가까운 곳에서 열리는 장터를 알아보자.

공정무역 상품 커피, 초콜릿, 설탕, 후추, 올리브유, 건과일, 코코아 등 수입식품은 공정무역상품을 구매한다. 공정한 거래를 통해 제3세계 농민과 생산자들의 자립을 돕고, 지속 가능한 삶을 지원하며 생산 환경과 거래 방식까지 공정성을 추구한다. 필요한 물건을 구입하면서 공정무역이 추구하는 가치에 참여한다는 의미가 있다. 피티쿱, 아름다운커피, 아시아공정무역네트워크 등에서 구입할 수 있다.

재래시장 우리나라는 전국적으로 재래시장이 잘 발달돼 있다. 특히 지방은 재래시장을 중심으로 5일장이 선다. 지역마다 특산물이 다르니 제철 재료를 구입하는 데 도움이 된다. 원하는 만큼 살 수 있고 가격 흥정도 가능하다. 잡곡, 건나물, 가공식품 등은 원산지를 확인한다.

텃밭 도시를 중심으로 다양한 형태의 텃밭이 생겨나고 있다. 농사지을 땅이 없다면 약간의 임대료를 받고 분양하는 주말농장 등을 활용한다. 일종의 공동체 텃밭으로 농사 정보뿐 아니라 잉여 농산물은 서로 나눔도 할 수 있다. 집 베란다에서도 작은 화분들을 이용해 허브 능을 키워보자. 로즈메리, 바질, 타임, 민트 등은 키우기 쉬울 뿐 아니라 음식의 맛을 훨씬 풍부하게 한다.

봄

봄은 미각과 후각이 예민해지고 에너지원이 많이 필요한 시기다. 봄에는 겨울 동안 씨앗과 뿌리에 저장해두었던 응축된 에너지를 담은 새순이 돋아난다. 남해에서 올라온 섬초나 포항초, 봄동, 달래, 냉이, 쑥 등은 그 기운을 온전히 담고 있는 귀한 재료다.

쑥

쑥은 비타민과 미네랄이 풍부하고 성질이 따뜻해 식용과 약용으로 고루 쓰인다. 어린 쑥은 덖어서 쑥차를 만들기도 하고, 쑥국, 쑥개떡, 쑥전, 쑥버무리, 수제비, 칼국수까지 매우 다양한 음식을 만들어 먹는다. 그야말로 세대를 초월한 소울푸드라 할 수 있다. 특히 쑥과 쌀은 부족한 영양소를 서로 보완해주는 역할을 한다.

쑥떡국

기본재료 | 현미 떡국떡 2인분, 쑥 4줌, 표고버섯 4개, 맛물 5컵
양념 | 들깻가루 2큰술, 간장, 실고추

만들기

1 맛물을 불에 올려 끓인다.

2 표고버섯은 사방 1cm 크기로 깍둑썰기하고 버섯기둥은 결대로 찢는다.

3 맛물이 끓으면 떡국떡, 표고버섯, 들깻가루, 간장을 넣고 끓인다.

4 떡이 익었을 때 쑥을 넣고 잠시 끓인 후 불을 끈다.

　＊ 들깻가루는 껍질에 영양이 많으므로 껍질째 간 것을 사용한다.

쑥과 함께 들깻가루를 넉넉히 넣은 떡국은 진한 맛과 향이 일품이다. 꽃샘추위를 이겨낼 수 있는 따뜻한 보양식이다. 맛물에 된장을 풀어도 맛이 구수하다. 백미 떡국떡을 넣으면 좀 더 쫄깃한 맛을 즐길 수 있다.

쑥겉절이

기본재료 │ 어린쑥 3줌, 달래 1줌, 양파 1/3개, 풋마늘 2대
양념 │ 고춧가루 1큰술, 간장 1큰술, 오미자청 2큰술, 식초 1/2큰술

만들기

1 양파는 곱게 썰고, 풋마늘은 5~6cm 길이로 잘라 채썬다.

2 찬물에 양파와 풋마늘을 약 3분간 담가 매운맛을 가볍게 우려내고 물기를 뺀다.

3 쑥은 먹기 좋게 손질해놓는다.

4 무침 그릇에 고춧가루, 간장, 오미자청, 식초를 넣어 양념장을 만든다.

5 4에 쑥과 달래, 양파, 풋마늘을 넣어 가볍게 버무린다.

6 취향에 따라 참기름, 참깨를 넣는다.

쑥을 생것 그대로 먹는 것이 조금 낯설 수 있다. 여기에 매운맛과 향이 강한 달래, 양파, 풋마늘까지 더하니 맛이 자극적이다. 따뜻한 밥을 지어 쑥겉절이와 함께 먹으면 입맛을 돋운다. 군만두, 튀김과도 잘 어울린다.

쑥전

기본재료 | 쑥 200g, 쌀가루 4큰술
양념 | 간장 1/2큰술, 현미유, 들기름

만들기

1 쑥을 씻어 물기를 뺀다.

2 쑥에 물기가 촉촉하게 남아 있을 때 쌀가루를 채로 쳐가며 뿌린다.

3 간장을 넣고 젓가락으로 가볍게 고루 버무린다.

4 팬을 약불에서 달군 후 현미유를 넉넉히 두른다.

5 젓가락으로 쑥 반죽을 집어 팬에 올리고 고루 편다.

6 중불에서 익히면서 들기름을 넣고 바삭하게 부친다.

＊ 쌀가루 대신 밀가루를 사용해도 된다.

봄이 오면 계절을 맞이하는 의식처럼 쑥전을 부친다. 양지바른 곳에서 갓 올라온 쑥은 향이 진하고 부드럽다. 생쑥에 쌀가루를 묻혀서 바삭하게 부쳐 한 입 먹으면 쑥 향기가 입안에 가득하다.

쑥순두부탕과 달래장

기본재료 | 쑥 2줌, 순두부 1팩, 맛물 1컵
양념 | 양념장(달래 2줌, 매운 고추 1개, 고춧가루, 참깨, 간장, 고추발효액, 물, 식초)

만들기

1 달래는 뿌리째 1cm 길이로 썰고 고추는 다진다.

2 그릇에 간장, 고추발효액, 물을 1:1:1의 비율로 넣고 식초를 조금 넣는다.

3 준비한 2에 달래, 고추, 고춧가루, 참깨를 빡빡한 느낌이 날 정도로
　든뿍 넣고 섞어 양념장을 만든다.

4 냄비에 맛물, 순두부를 넣고 약불에서 뭉근하게 끓인다.

5 순두부가 보글보글 끓어오를 때 쑥을 넣고 한 번 더 끓인다.

6 그릇에 담아 양념장을 조금씩 끼얹어가며 먹는다.

소금으로만 간을 한 쑥순두부탕을 먼저 한 그릇 먹는다. 향과 맛이 부드럽고 순하다. 달래장을 넣은 순두부탕도 매콤 짭조름한 것이 맛이 깔끔하다. 쑥은 가급적 어린 쑥을 사용한다. 쑥과 순두부의 조합이 매우 잘 어울린다.

밥알 쑥개떡

기본재료 | 쌀 400g, 쑥 400g
양념 | 황설탕 2큰술, 소금 2작은술

만들기

1 쌀은 씻어서 물에 1시간 정도 불린 후 채반에 건져 물기를 뺀다.

2 쌀을 분쇄기에 넣고 좁쌀 굵기 정도로 간다.

3 쑥은 송송 썰어서 곱게 간다.

4 갈아놓은 쌀과 쑥에 설탕, 소금을 넣고 반죽한다. 수분이 부족할 경우
  물을 조금씩 넣으며 농도를 조절한다.

5 두세 입 크기로 동글납작하게 빚는다.

6 찜솥 물이 끓으면 반죽을 넣고 약 20분간 찐다.

7 다 익으면 참기름을 고루 발라 식힌다.

  * 설탕의 양은 기호에 따라 조절한다.

진한 쑥 향과 함께 좁쌀만 한 밥알이 씹
히는 쑥개떡 맛이 새롭다. 거친 식감이
야생 쑥과 더 잘 어울린다. 의외로 만드
는 방법이 간단하므로 자주 해먹을 수
있겠다. 쑥이 나오는 계절에 넉넉히 구
입해 삶아 냉동 보관했다가 필요할 때
마다 조금씩 꺼내 만든다.

냉이

봄의 전령인 냉이는 겨자과로 맛이 매콤하다.
겨울에는 살이 통통하게 오른 뿌리를, 봄에는
무성하게 자란 잎 부분을 주로 먹는다. 웃자란
줄기, 꽃, 씨앗은 말려서 약으로도 사용한다.
식물 중 단백질, 칼슘, 철분, 비타민A 등이 특
히 풍부해 에너지를 많이 필요로 하는 봄철 식
재료로 빼놓을 수 없다.

냉이매콤수제비

기본재료 | 냉이 200g, 우리밀 수제비 반죽 2인분, 느타리버섯 2줌, 호박 1/3토막, 양파 1/2개, 맛물 6컵
양념 | 고추장 1큰술, 고춧가루 1큰술, 간장 2큰술

만들기

1 수제비 반죽은 미리 만들어 숙성시킨다.

2 느타리버섯은 곱게 찢어놓고, 호박은 깍둑썰기하고, 양파는 채썬다.

3 냉이는 뿌리째 손질해서 두세 갈래로 찢어놓는다.

4 맛물에 고추장, 고춧가루, 느타리버섯을 넣고 끓인다.

5 맛물이 끓으면 호박, 양파, 간장을 넣고 수제비를 떠서 넣는다.

6 수제비가 투명해지며 떠오르면 냉이를 넣고 한소끔 끓인 후 불을 끈다.

　＊ 수제비 반죽 만들기_밀가루 2컵 기준으로 물 2/3컵과 소금을 조금 넣고
　　반죽한 후 약 30분간 냉장 보관한다. 우리밀은 점성이 약하므로
　　쫄깃한 맛을 원하면 감자전분을 섞는다.

고추장과 고춧가루를 넣고 얼큰하게
끓인 냉이수제비다. 냉이는 주로 된장
찌개, 된장국 등에 넣어 먹지만 매콤한
고추 양념과도 잘 어울린다. 비가 내리
거나 서늘한 날이면 얼큰한 냉이수제
비 한 그릇이 먹고 싶어진다.

냉이캘리포니아롤

기본재료 | 밥 2인분, 냉이 300g, 오이 2개
양념 | 참기름 2큰술, 유자소금 2작은술, 고추냉이소스 2작은술, 소금

만들기

1 냉이는 끓는 물에서 가볍게 데친 후 찬물에 헹궈 물기를 짠다.

2 냉이에 참기름, 유자소금 1작은술을 넣고 무친다.

3 오이는 곱게 채썰고, 소금에 약 5분간 절인 후 물기를 짠다.

4 김발에 종이 포일을 깔고 밥을 넓게 펼친 후 냉이로 밥을 덮는다.

5 가운데에 오이를 얹고 돌돌 말아 한 입 크기로 썬다.

6 유자소금 1작은술과 고추냉이소스 2작은술을 섞어 조금씩 밥 위에 올린다.

> * 유자소금 만들기_유자 겉껍질을 얇게 벗겨내 곱게 다진 후
> 유자 양의 20% 정도의 소금을 섞는다. 바로 먹거나 저장해두고 사용한다.

냉이를 데쳐서 넣어 만든 캘리포니아
롤이다. 상큼한 맛의 오이와 유자소금,
매콤한 고추냉이소스까지 곁들이니 더
없이 향기롭고 맛이 깔끔하다. 밥에 단
촛물을 섞어도 괜찮다. 봄나들이 도시
락 메뉴로 제격이다.

냉이파스타

기본재료 | 파스타면 2인분, 냉이 300g, 꽈리고추 4개, 마늘 6쪽
양념 | 올리브유 4큰술, 매운 홍고추(마른 것) 1개, 간장 1작은술, 소금

만들기

1 냉이는 뿌리와 잎을 분리해서 곱게 다지고, 꽈리고추도 곱게 다진다.

2 면 삶을 물에 소금을 넣고 끓인다.

3 물이 끓으면 포장지에 표기된 시간을 기준해 파스타면을 삶는다.

4 마늘은 저미고 홍고추는 손으로 비벼 거칠게 가루를 낸다.

5 팬에 올리브유, 마늘, 홍고추를 넣고 약불에서 마늘과 고추 향을 낸다.

6 기름에 향이 우러나면 냉이, 꽈리고추, 간장을 넣고 볶다가 삶은 면을 넣는다.

7 면과 재료를 고루 섞으며 면수를 조금씩 넣고 농도를 조절한다.

   * 면수는 물 1리터 기준 소금 1큰술을 넣고 끓인다. 소금물의 농도는
   파스타 맛에도 영향을 주므로 매우 중요하다.

냉이무침, 냉이된장국 등에 익숙해진 입맛에 냉이파스타는 냉이 음식의 신세계다. 올리브유를 넉넉히 두르고 마늘과 고추로 향을 낸 후 곱게 다진 냉이를 넣어 향을 한껏 올려준다. 맛과 향이 부드럽다.

냉이국밥

기본재료 | 밥 2인분, 냉이 150g, 숙주 100g, 느타리버섯 2줌, 유부 2장, 맛물 5컵
양념 | 다진 마늘 2작은술, 파 1큰술, 매운 고추 1개, 다시마 사방 10cm, 간장 1큰술, 소금

만들기

1 맛물에 느타리버섯, 다시마를 넣고 중불에서 약 5분간 끓인다.

2 다시마 맛이 우러나면 건져내고 냉이, 마늘, 파, 간장, 소금을 넣고 끓인다.

3 유부를 곱게 채썰고, 매운 고추는 어슷썰기한다.

4 냉이가 익으면 숙주와 유부, 고추를 넣고 불을 끈다.

5 그릇에 밥을 담고 뜨거운 국을 붓는다.

　＊ 채수에서 건져낸 다시마는 곱게 채썰어 표고버섯을 넣어 간장조림을 한다.
　　당근, 우엉 등과 함께 넣고 채소밥을 지어도 좋다.

뼛속까지 시린 꽃샘추위를 충분히 녹여줄 국밥이다. 냉이, 숙주를 넉넉히 넣고 국물을 칼칼하고 시원하게 끓였다. 국과 밥을 따로 내기도 하는데 국밥은 밥에 뜨거운 국물을 부어 국물이 적당히 스며들어야 제맛이 난다. 감자옹심이나 떡국떡이 있다면 몇 알씩 띄워 색다른 맛을 즐긴다.

냉이튀김샐러드

기본재료 | 냉이 100g, 중간크기 고구마 1개, 양상추 1/4통
양념 | 소스(올리브유 3큰술, 소금 1작은술, 후추), 레몬 1개

만들기

1 냉이는 씻어서 물기를 뺀다.

2 고구마는 곱게 채썰고 흐르는 물에서 두세 번 씻어 녹말 성분을 뺀다.

3 키친타월로 냉이와 고구마 물기를 닦는다.

4 양상추는 한 입 크기로 큼직하게 자른다.

5 튀김 기름이 적정 온도(160~170도)가 되면 중불에서 냉이, 고구마 순으로 튀긴다.

6 그릇에 양상추, 냉이, 고구마를 담고 준비한 소스를 뿌린다.

7 레몬 껍질을 고운 강판에 갈아 제스트를 만들어 뿌린다.

  * 냉이에 밀가루나 녹말가루를 가볍게 뿌려 튀기면 좀 더 바삭하다.

입안에서 부서지는 냉이 향이 향긋하다. 달달한 고구마튀김, 신선한 양상추, 올리브유에 레몬 제스트까지, 궁합이 잘 맞는다. 술안주로 내놓으면 모두들 좋아한다. 고구마 대신 감자, 당근을 활용해도 된다.

봄동

봄동은 겨울철 남쪽 지방에서 파종해 가장 먼저 봄을 알리는 초록 채소 중 하나다. 땅에 납작 붙어 납작배추라고도 한다. 온몸을 펼치고 있는 것은 햇볕을 최대한 받아 겨울바람과 추위를 이기기 위해서라고 한다. 사람 손으로 재배하는데도 야생의 맛이 진하다. 아미노산이 풍부해 단맛이 강하고 생것으로 먹든, 푹 익혀서 먹든 맛이 깊고 진하다.

봄동구이샐러드

기본재료 | 봄동 2포기, 삶은 율무 1컵, 삶은 콩 1컵, 샐러드채소 2줌
양념 | 올리브유, 소금, 후추

만들기

1 봄동은 겉잎과 꼭지를 손질한 후 올리브유, 소금, 후추를 뿌려
   250도 온도의 오븐에서 약 15분간 굽는다. 오븐이 없다면 팬에 구워도 된다.
2 팬에 올리브유, 율무, 삶은 콩을 넣고 가볍게 볶는다.
3 상추, 루콜라 등 샐러드채소를 한 입 크기로 준비한다.
4 다 구워진 봄동을 접시에 담고 볶은 곡식과 채소를 올린 후
   소금, 후추를 뿌려 마무리한다.

봄동이 나오면 제일 먼저 해먹는 음식
이다. 기름을 두르고 소금만 뿌려 구워
도 맛이 훌륭하다. 배추 한 통을 통째로
구워 접시에 올리고 포크와 나이프를
준비하면 먹는 이들이 재미있어 한다.
1인 1포기 봄동구이는 손님 초대 음식
으로도 부족함이 없다.

봄동채소말이

기본재료 | 봄동 2포기, 세발나물 100g, 당근 1/2개, 사과 1/2개, 땅콩 5큰술, 호두 5알
양념 | 된장 1/2큰술, 매실청 2큰술, 매운 고추 1개

만들기

1 봄동 잎을 한 장씩 떼어 씻은 후 큰 잎을 골라 찜통에서 가볍게 찐 후 식힌다.

2 잎이 작은 봄동, 당근, 사과는 곱게 채썰고, 세발나물은 4cm 길이로 썬다.

3 매운 고추는 곱게 다지고 땅콩 2큰술을 거칠게 빻는다.

4 된장에 매실청, 다진 고추, 빻아놓은 땅콩을 넣고 소스를 만든다.

5 봄동에 채썬 채소와 땅콩, 호두 조각을 넣고 돌돌 말아 소스와 함께 낸다.

＊ 취향에 따라 초고추장, 간장, 마요네즈 등의 소스를 선택한다.

노지에서 얼었다 녹기를 반복하며 자란 봄동은 유독 단맛과 섬유질이 풍부해 씹는 맛이 특별하다. 찜통에 쪄서 단맛을 진하게 올린 배추에 새콤한 맛, 고소한 맛, 짭조름한 맛이 나는 다양한 속 재료를 준비해 돌돌 말아 먹으니 맛이 다채롭다.

봄동콩나물국밥

기본재료 | 밥 2인분, 봄동 1포기, 콩나물 1/2봉지, 느타리버섯 2줌, 맛물 6컵
양념 | 간장 2큰술, 소금 1/2큰술, 매운 고추 2개, 쪽파, 후추

만들기

1 봄동을 끓는 물에 데친 후 찬물에 헹군다.

2 데친 봄동을 결대로 2~3등분 찢어놓는다.

3 느타리버섯도 결대로 찢은 후 팬에 덖어 수분을 날린다.

4 맛물이 끓으면 봄동, 느타리버섯을 넣고 끓인다.

5 국물에 봄동과 느타리버섯 맛이 우러나면 소금과 간장으로 간을 맞춘다.

6 콩나물을 넣고 잠시 끓인 후 매운 고추, 쪽파, 후추를 넣고 불을 끈다.

7 그릇에 밥과 국을 담는다.

* 취향에 따라 된장이나 고춧가루를 넣고 끓여도 시원하다.

특별한 반찬이 없어도 잘 먹었다는 생각이 절로 드는 것이 국밥이다. 제철에 나는 채소들을 활용하면 다양한 종류의 국밥 한 그릇을 만들 수 있다. 봄에는 봄동이나 풋마늘, 여름에는 얼갈이 배추와 열무, 가을에는 배추와 대파, 겨울에는 김치나 건나물 등에 버섯, 콩나물, 숙주, 무 등을 함께 넣고 끓인다.

더덕·도라지

산삼에 버금가는 뛰어난 약성을 지녔다는 더덕과 도라지는 가을부터 새순이 올라오기 전인 이른 봄까지가 제철이다. 봄과 가을 두 번 수확해 겨울까지 저장해놓고 먹는다. 봄에 갓 올라온 더덕 새순과 도라지 싹 역시 향과 맛이 진해 샐러드, 무침 등 생채소로 먹을 수 있다. 뿌리뿐 아니라 잎도 쉽게 구입할 수 있으면 좋겠다.

더덕구이

기본재료 | 더덕 200g

양념 | 고추장 2큰술, 고춧가루 2큰술, 간장 2큰술, 조청 2큰술, 마늘, 생강, 참기름, 현미유, 소금

만들기

1 더덕 껍질에 묻은 흙을 솔로 깨끗이 씻는다.

2 길이대로 반을 자르고 굵은소금을 뿌려 약 10분간 재워놓는다.

3 마늘과 생강은 곱게 다진다.

4 양념 재료를 골고루 섞어 양념장을 만든다.

5 소금에 절여놓은 더덕은 마른행주에 싸서 꾹꾹 눌러가며 수분을 짠다.

6 나무 방망이로 더덕을 살살 두들기며 넓게 펴준다.

7 팬에 기름을 두르고 더덕을 앞뒤로 굽는다.

8 더덕이 노릇하게 구워지면 양념장을 발라 앞뒤 뒤집어가며 굽는다.

* 구이용 더덕은 껍질째 사용해도 부담스럽지 않다.

더덕 하면 가장 먼저 떠오르는 것이 고추장을 발라 구운 양념구이다. 조리법이 간단하면서도 입맛을 돋운다. 더덕의 독특한 향과 식감에 매콤한 양념과 적당한 불 향까지 더해지니 맛이 한층 깊고 풍부하다. 취향에 따라 참기름 대신 들기름을 사용하기도 한다.

더덕연근무침

기본재료 | 더덕 50g, 연근 100g
양념 | 고운 소금 1/2큰술, 조청 1/2큰술, 식초 1작은술, 참기름 1큰술, 검은깨

만들기

1 더덕 껍질에 묻은 흙을 솔로 깨끗이 씻는다.

2 더덕의 껍질을 벗겨내고 반으로 갈라 소금을 뿌려 약 10분간 재워놓는다.

3 연근은 최대한 얇게 썰고 물에 5분 정도 담가 녹말 성분을 우린다.

4 연근을 건져 소금을 뿌려 잠시 절인 후 마른 천을 이용해 수분을 짠다.

5 더덕도 마른 천을 이용해 수분을 짠다.

6 도마에 더덕을 올려놓고 방망이를 이용해 가볍게 두드린 후 결대로 찢는다.

7 그릇에 연근과 더덕을 담고 조청, 식초를 넣어 무친 후
　참기름과 검은깨를 넣고 조물조물한다.

　　＊ 더덕과 연근의 수분을 짤 때 으스러지지 않도록 주의한다.

더덕과 연근을 함께 무쳐 밥반찬이나 샐러드로 먹는다. 더덕의 향과 식감, 연근의 아삭함이 입안에서 잘 어우러진다. 양념을 단순하게 넣었더니 더덕 향이 그윽하다. 더덕 대신 인삼을 넣어 쌉싸름한 향과 맛을 즐기기도 한다.

더덕도라지튀김

기본재료 | 더덕 100g, 도라지 100g, 연근 1/3개, 튀김 반죽(통밀가루 1/2컵, 마른 찹쌀가루 1/2컵, 물 1컵)
양념 | 간장 1큰술, 후추, 설탕시럽, 현미유

만들기

1 더덕과 도라지, 연근은 껍질째 깨끗이 씻는다.

2 연근은 3~4mm 두께로 썬다.

3 더덕은 굵은 것은 반으로 가르고 방망이로 가볍게 두드려 부드럽게 한다.

4 튀김 반죽에 간장, 후추를 넣고 섞는다.

5 튀김 냄비에 기름을 넣고 적정 온도로 끓인다.

6 더덕과 도라지, 연근에 튀김옷이 잘 묻도록 밀가루를 뿌린다.

7 튀김 반죽에 묻혀 튀긴다.

8 튀김을 그릇에 담고 설탕시럽을 뿌린다.

   * 설탕시럽은 물과 설탕을 1:1 비율로 섞어 흔들어주거나 가볍게 끓여 식힌다.

봄에 캔 도라지와 더덕은 수분이 많고 맛이 부드럽다. 더덕과 도라지로 튀김을 만들었다. 여기에 달달한 설탕시럽을 뿌려 도라지의 쓴맛을 좀 더 순화시켰다. 섬유질이 많은 뿌리채소들은 튀겨도 씹는 맛이 있다.

배도라지무침

기본재료 | 도라지 200g, 미나리 2줌, 배 1/2개
양념 | 고춧가루 2큰술, 고추발효액 3큰술, 간장 2큰술, 식초 2큰술, 참깨, 소금

만들기

1 도라지는 씻은 후 껍질째 길이로 가늘게 찢어놓는다.

2 도라지에 소금을 넣어 주물러준 후 찬물에 2~3번 헹궈 물기를 뺀다.

3 미나리는 줄기와 잎을 분리해서 다듬어 씻은 후 5cm 길이로 썰어놓는다.

4 배는 껍질째 먹기 좋은 크기로 썰어놓는다.

5 도라지에 준비한 양념의 반을 넣고 먼저 비무려놓는나.

6 도라지에 양념이 배어들면 미나리와 배를 넣고 나머지 양념과 참깨를 넣어 버무린다.

더덕 요리에서 고추장 양념구이를 빼놓을 수 없다면 도라지 요리는 매콤새콤한 초무침을 빼놓을 수 없다. 멸치볶음만큼이나 대중적인 밑반찬으로 양념의 비율이 맛을 결정한다. 도라지무침에 생두부나 전을 곁들여도 좋고, 국수를 버무리면 입맛을 자극하는 한 그릇 요리가 된다.

도라지무밥

기본재료 | 쌀 2인분, 도라지 3줌, 중간크기 무 1/4토막, 느타리버섯 2줌
양념 | 통들깨 2큰술, 생들기름 1큰술, 소금 1작은술

만들기

1 쌀을 씻어서 밥물을 붓는다.

2 도라지는 껍질째 씻어서 가늘게 썰어 소금을 뿌려 약 10분간 재워놓는다.

3 무는 곱게 채썰고 느타리버섯은 찢어놓는다.

4 재워놓은 도라지를 손으로 바락바락 주물러 쓴맛을 우려낸 후 2~3번 헹군다.

5 밥솥에 도라지, 무, 느타리버섯, 들깨, 소금, 들기름을 넣고 밥을 한다.

* 채소의 수분 정도에 따라 밥물의 양을 조절한다.

도라지에 무를 듬뿍 넣고 밥을 지었다. 도라지의 적당한 쓴맛과 무의 부드러운 달큰함이 조화롭다. 도라지는 주로 반찬으로 먹는데 목감기에 좋다고 해서 배나 무를 넣고 함께 달여 겨우내 차로 마시기도 한다.

세발나물

새의 발처럼 생겼다고 해서 세발나물이라고
한다. 바닷가 주변 갯벌의 염분을 먹고 자라
짠맛이 나는 것이 특징이다. 봄동, 포항초, 섬
초 등과 함께 이른 봄에 맛볼 수 있는 제철 초
록 나물이다. 저염 식단 재료로 좋으며 미세한
짠맛은 다른 채소들과 섞였을 때 전체적인 맛
을 잡아주는 역할을 한다. 비타민C, 칼슘, 칼
륨 등 영양소가 풍부한 천연 피로회복제다.

세발나물비빔국수

기본재료 | 우리밀 국수 2인분, 세발나물 4줌, 콩나물 2줌, 삶은 톳 2줌, 속 배추 2장, 배 1/4쪽
양념 | 양념장(고추장 1큰술, 고춧가루 1큰술, 고추발효액 4큰술, 간장 1큰술, 식초 1큰술), 들기름

만들기

1 세발나물은 2~3 등분으로 썰고 톳은 줄기를 분리한다.

2 배추는 곱게 채치고 배는 납작하게 한 입 크기로 썬다.

3 콩나물과 톳은 데쳐서 식힌다.

4 고추장, 고춧가루 등 양념장 재료를 넣고 장을 만든다.

5 끓는 물에 국수를 삶아 찬물에서 여러 번 헹궈 물기를 뺀다.

6 국수에 양념장을 넣고 버무린 후 준비한 채소를 담고 들기름을 뿌린다.

  * 냉장고에 조금씩 남아 있는 재료들로 만든 일품요리 비빔국수다.
    제로웨이스트를 실천할 수 있는 좋은 방법이다.

냉장고에 채소들이 조금씩 남아 있을 때 쉽게 만들어 먹을 수 있는 것이 비빔국수다. 채소들은 씻어서 썰거나 살짝 익히고 국수만 삶으면 된다. 각각의 채소가 가진 고유한 맛과 식감이 어우러지며 화려한 비빔국수가 된다. 양념장을 넉넉히 만들어두고 필요할 때마다 사용하면 잘 숙성된 양념장 덕분에 음식 맛이 한결 풍부하다.

세발나물콩나물무침

기본재료 | 세발나물 200g, 콩나물 200g,
양념 | 간장 2큰술, 참기름 2큰술, 참깨, 실고추

만들기

1 세발나물을 끓는 물에 약 10초 정도 데친다.

2 찬물에 헹궈 물기를 가볍게 짠다.

3 콩나물을 세발나물 삶은 물에 약 30초 정도 데친다.

4 그릇에 세발나물, 콩나물, 간장, 실고추를 넣고 무친 후 참기름과 참깨로 마무리한다.

＊ 세발나물은 숨이 죽을 정도로만 가볍게 데친다.

세발나물의 신선함과 콩나물의 아삭한 식감이 식욕을 돋운다. 밥에 넣고 쓱쓱 비벼먹으면 더욱 맛있다. 조리법은 매우 단순한데 감칠맛이 그만이다. 염분기가 있는 세발나물은 어떤 채소와도 잘 어울린다.

세발나물샐러드

기본재료 | 세발나물 200g, 배추속잎 2장, 배 1조각, 오이1/3개, 순무 싹 조금
양념 | 소스(간장 1큰술, 레몬청 2큰술, 물 1큰술, 식초 1큰술, 매운 고추 1개)

만들기

1 세발나물을 칼로 2~3등분하고, 배추는 곱게 채썬다.

2 배와 오이는 2~3 cm 크기로 납작하게 썬다.

3 순무 싹은 먹기 좋은 크기로 손질한다.

4 매운 고추를 곱게 다진다.

5 간장, 레몬청, 식초, 고추 등 준비한 양념을 섞어 소스를 만든다.

6 그릇에 세발나물 등 준비한 재료를 담고 먹기 직전에 소스를 뿌린다.

   ＊ 배 대신 사과나 단감 등의 과일을 활용해도 좋다.

세발나물에 곱게 채썬 배추와 시원하고 달콤한 배를 넣어 만든 샐러드다. 순무 싹도 조금 넣었다. 집에서 무, 당근, 순무 등을 오래 저장하다 보면 봄 무렵에 노랗게 싹이 돋는데 마치 꽃 같다. 버리지 않고 새로운 식재료로 활용하는데 맛이 괜찮다.

부지깽이나물

울릉도에서 자생하는 섬쑥부쟁이로 일명 부
지깽이나물로 불린다. 봄에 잠깐 맛볼 수 있는
귀한 나물인데 향이 그윽하며 맛이 달고 부드
럽다. 육지에서 부지깽이나물을 맛볼 수 있게
된 것은 얼마 되지 않는다. 살 수 있는 곳이 드
무니 여전히 귀한 재료다. 최근에는 여러 지역
에서 온실 재배를 하고 있으나 제대로 해풍 맞
고 자란 울릉도산 부지깽이나물을 적극 추천
한다.

부지깽이나물주먹밥

기본재료 | 부지깽이나물 200g, 밥 2공기
양념 | 소금, 참기름

만들기

1 부지깽이나물은 줄기째 끓는 물에 넣어 30초 정도 삶은 후 찬물에 헹군다.

2 물기를 짜고 곱게 다진다.

3 밥에 다진 나물을 넣고 골고루 섞는다.

4 소금과 참기름을 넣어 비빈 후 한 입 크기로 빚는다.

  * 짭조름한 장아찌나 밑반찬 한두 가지만 곁들이면 부족함 없는 한 끼가 된다.
    간편한 도시락 메뉴로도 좋다.

나물을 데쳐서 곱게 다진 후 주먹밥을 만들었다. 소금으로 간을 맞추고 참기름으로 향과 맛을 더했다. 맛이 부드럽고 편하다. 부지깽이나물도 한철이라 때를 놓치면 구하기 어렵다. 한번 구입할 때 넉넉히 구입해 삶아서 냉동 보관한다.

부지깽이나물솥밥

기본재료 | 부지깽이나물 2줌, 밥 2공기
양념 | 들깨 1큰술, 현미유 1/2큰술, 생들기름 1/2큰술, 소금

만들기

1 부지깽이나물을 끓는 물에서 30초 정도 삶은 후 찬물에 헹군다.

2 물기를 꼭 짜고 곱게 다진다.

3 작은 솥이나 냄비에 현미유를 두르고 밥을 담는다.

4 다진 부지깽이나물을 밥 위에 수북이 올리고 들깨, 들기름, 소금을 뿌린다.

5 약불에서 6~7분 정도 가열해 주변이 노릇하게 되면 불을 끈다.

    * 찬밥을 활용해 만들면 만족도가 높다.

밥에 다진 부지깽이나물을 수북이 올리고 소금, 들기름을 뿌려 가열한다. 나물밥도 훌륭하지만 누룽지 맛도 일품이다. 여기에 뜨거운 물을 붓고 끓이면 나물 누룽지탕이 되는데 맛있다는 말보다 감탄사가 먼저 나온다. 새로운 요리의 탄생이다.

부지깽이나물잡채

기본재료 | 부지깽이나물 4줌, 참나물 2줌, 우엉 1대(100g), 표고버섯 4개, 매운 고추 2개
양념 | 양념장(간장 3큰술, 원당 2큰술), 현미유 3큰술, 참기름, 후추

만들기

1 부지깽이나물은 억센 줄기를 골라 잘라낸다.

2 참나물은 잎과 줄기를 분리하고 줄기는 7~8cm 길이로 자른다.

3 우엉도 같은 길이로 채썰고 고추, 표고버섯도 곱게 채썬다.

4 팬에 썰어놓은 표고버섯을 덖듯이 볶아 수분을 날린다.

5 간장, 원당을 섞어 양념장을 만든다.

6 팬에 기름을 넉넉히 두르고 우엉을 볶다가 양념장 1큰술을 넣고 볶는다.

7 우엉이 투명해지면 버섯, 고추 등을 넣고 볶는다.

8 7에 부지깽이나물, 참나물 순으로 넣고 나머지 양념장을 넣으며
버무리듯 볶은 후 참기름, 후추로 마무리한다.

부지깽이나물을 가볍게 데쳐서 다른
채소들과 섞어 잡채를 만들었다. 부지
깽이나물의 부드러운 단맛에 우엉, 표
고버섯 등을 함께 넣으면 맛이 적당히
묵직하고 조화롭다. 나물잡채는 밥은
물론이고 빵과도 잘 어울린다.

부지깽이나물페스토

기본재료 | 부지깽이나물 70g, 참나물 30g, 바질 40g, 잣 50g, 볶은 땅콩 50g
양념 | 마늘 4조각, 레몬청 레몬 5조각, 올리브유 300ml, 소금

만들기

1 부지깽이나물, 참나물은 억센 줄기만 잘라낸다.

2 손질한 나물과 바질은 흐르는 물에서 씻어 물기를 최대한 없앤다.

3 잣은 약한 불에서 타지 않도록 팬에 볶아 고소한 맛을 더한다.

4 분쇄기에 마늘, 잣, 땅콩, 레몬, 올리브유를 넣고 간다. 땅콩은 껍질째 사용한다.

5 4에 부지깽이나물, 참나물, 바질, 소금을 넣고 곱게 간 후 마무리한다.

　＊ 페스토는 파스타, 빵, 샐러드소스 등으로 다양하게 활용할 수 있다.
　＊ 채소의 물기를 없앨 때 채소 탈수기를 이용하면 편리하다.

봄에 잠깐 맛볼 수 있는 울릉도 부지깽이나물로 페스토를 만들었다. 부지깽이나물은 향이 부드럽고 맛이 달다. 여기에 참나물, 바질 등 어울리는 향 채소 한두 가지를 섞으면 맛이 한결 화려하다. 부지깽이나물이 아니어도 참나물, 냉이, 명이나물, 부추 등을 한두 가지씩 섞어 페스토를 만들기도 한다.

부지깽이나물페스토로 만든 파스타. 페스토만 있으면 금세 만들 수 있는
초간단 음식으로 싱그럽고 상큼하다.

갖은 봄나물

3월부터 5월까지 산과 들에서 나는 온갖 새순
은 대부분 먹을 수 있다. 요즘은 사계절 온실
에서 여러 채소들을 재배해 제철 채소라는 말
이 무색하지만 봄은 야생성이 강한 나물을 다
양하게 먹을 수 있는 최적의 계절이다. 떫은
맛, 쓴맛, 신맛, 단맛 등 맛과 향은 물론 영양
성분까지 제각각이니 골고루 보약처럼 챙겨
먹자. 봄에 잘 먹은 음식으로 한 해를 건강하
게 지낼 수 있다.

봄나물쌈밥과 머위잎쌈장

기본재료 | 밥 2공기, 곰취, 명이나물, 곤드레, 머위잎, 얼갈이배추 등 잎이 넓은 나물
쌈장재료 | 머위잎 20장, 표고버섯 6개, 매운 고추 2개, 된장 · 들기름 · 현미유 · 조청 각 2큰술

쌈장 만들기

1 머위잎을 끓는 물에서 약 1분간 삶아 찬물에 헹군다.
2 물기를 적당히 짠 머위잎을 곱게 다지고, 표고버섯과 매운 고추도 곱게 다진다.
3 작은 팬에 현미유를 두르고 다져놓은 머위잎, 버섯, 고추를 넣고 볶는다.
4 버섯과 고추가 부드럽게 익으면 된장과 들기름, 조청을 넣고 볶는다.

쌈밥 만들기

1 물이 끓고 있는 찜통에 나물을 켜켜이 넣고 약 5분간 찐다.
2 잎이 푹 쪄지면 재빨리 꺼내서 식힌다.
3 나물을 그릇에 담아 밥과 머위잎쌈장을 곁들여 낸다.

봄나물은 생것으로 먹어도 되지만 살짝 쪄서 강한 향을 조금 가라앉히면 맛이 부담 없다. 고추장보다는 된장과 잘 어울린다. 일본 영화 〈리틀 포레스트〉에서는 눈 속에서 핀 머위꽃을 따서 된장과 끓여 머위꽃장을 만드는데 그 맛이 늘 궁금했다. 구하기 어려운 머위꽃 대신 머위잎에 버섯과 매운 고추를 더해 쓴맛을 중화했다. 쌈장, 맑은국, 비빔밥 장으로 제격이다.

봄나물샤브샤브와 죽

기본재료 │ 봄나물(부지깽이나물, 곰취, 엄나무순, 화살나무순, 오가피순, 부추, 유채나물 등) 각 2줌,
버섯(새송이, 느타리, 표고, 목이) 각 1줌, 유부 6장, 넓적 당면 2줌, 맛물 8컵, 밥 1공기

양념 │ 참깨소스(곱게 간 참깨 2큰술, 간장 1큰술, 맛물 1큰술)
고추소스(고추청 2큰술, 고춧가루 1작은술, 간장 1큰술, 식초 1큰술)

만들기

1 나물을 먹기 좋은 길이로 큼직하게 썰거나 손질해놓는다.

2 오가피순, 엄나무순 등은 끓는 물에 살짝 데쳐 찬물에 헹궈놓는다.

3 버섯은 먹기 좋은 크기로 손질하고 당면은 물에 불려놓는다.

4 유부는 반으로 썰어놓고, 참깨소스와 고추소스를 만든다.

5 전골냄비에 맛물을 끓인 후 채소와 당면 등을 넣어 익혀가며 소스에 찍어 먹는다.

6 남은 국물에 밥과 다진 채소를 넣고 죽을 만든다.

* 봄나물은 맛이 순한 것, 부드러운 것, 쓴맛, 단맛 나는 것을 적절히 배합한다.

* 쓴맛이 강한 나물은 다른 채소보다 양을 적게 하거나 살짝 데쳐 사용한다.

밭에 뿌린 씨앗이나 모종이 채 자라기
전인 봄에는 자연의 시간대로 자란 산
나물, 들나물, 바다나물을 먹는다. 산
과 들의 온갖 어린 새순을 섞어 샤브샤
브를 했다. 여기에 다양한 버섯을 넣고
고소한 참깨소스와 매콤한 고추소스를
곁들였다.

봄나물잡채와 꽃빵

기본재료 | 봄나물(부지깽이나물, 오가피순, 엄나무순, 방풍나물 등) 각 2줌
버섯(느타리버섯, 표고버섯, 생목이버섯 등) 각 2줌, 양파 1개, 매운 고추 4개, 유부 4개, 꽃빵
양념 | 간장소스(간장 3큰술, 원당 2큰술), 현미유 3큰술, 고추기름 1큰술,
녹말 물(녹말가루 1/2큰술, 물 1큰술), 후추

만들기

1 봄나물은 삶아서 찬물에 헹궈 물기를 적당히 짠다.

2 느타리버섯과 표고, 목이버섯 등은 곱게 채썰어 팬에 덖어 수분을 날리고 식힌다.

3 매운 고추, 양파는 채썰고, 유부도 먹기 좋은 크기로 썬다.

4 팬에 현미유를 두르고 삶아놓은 나물, 유부, 고추, 양파, 버섯을 넣고 볶는다.

5 재료가 어느 정도 익으면 간장소스와 고추기름을 조금씩 넣어가며 볶는다.

6 녹말 물, 후추를 넣고 살짝 볶아 마무리한다.

7 찜통에 찐 꽃빵과 함께 낸다.

  * 고추기름 만들기는 96쪽 참조.

여러 종류의 들나물을 보이는 대로 섞어 잡채를 했다. 고추기름을 내서 잡채를 만드니 꽃빵이 절로 생각난다. 재료를 따로 준비하는 것은 번거로우나 냉장고 속 남은 재료를 활용하면 간단하다. 잡채나 샤브샤브 등은 자투리 채소를 활용하면서도 맛과 영양 모두 충족하는 멋진 요리다.

홑잎들깨솥밥

기본재료 | 홑잎 200g, 쌀 2인분, 들깨 2큰술
양념 | 들기름 1큰술, 소금 조금

만들기

1 솥에 씻은 쌀과 물을 넣고 밥을 짓는다.

2 밥물이 끓어오르면 뜸 들이듯 약불에서 익힌다.

3 밥에 수분이 조금 남아 있을 때 한 차례 저어준 후 홑잎나물, 들기름,
소금을 넣고 약 3분간 가열 후 불을 끈다.

4 밥을 고루 섞어 그릇에 덜어낸 후 누룽지에 물을 넣고 끓여 숭늉을 만든다.

* 찬밥을 활용해 솥밥을 만들면 간편하다.

홑잎나물은 화살나무의 새순이다. 산
에서나 구할 수 있는 귀한 재료였는데
요즘에는 비교적 수월하게 구할 수 있
다. 어린 새순은 녹차처럼 덖어서 차로
마시기도 한다. 금세 억세지므로 적기
에 채취해야만 먹을 수 있다. 물을 부어
끓인 눌은밥도 별미다.

봄나물발효액

기본재료 | 봄나물(민들레, 씀바귀, 부지깽이나물, 쑥, 머위잎 등) 1kg, 원당 1kg

만들기

1 봄나물을 손질해 깨끗이 씻은 후 채반에 넣어 물기를 말린다.

2 물기가 빠진 나물을 3~4cm 길이로 잘라 그릇에 담고 약 700g 정도의 원당에
버무려 병에 담고 공기가 통하지 않도록 꼭꼭 눌러준다.

3 나머지 원당을 덮어주듯 붓고 천이나 창호지 등으로 입구를 막은 후
병뚜껑을 느슨하게 닫는다.

4 약 60일 후 건더기를 건져내, 발효액은 30일 이상 숙성시킨 후 사용한다.

고추장장아찌와 간장장아찌

기본재료 | 봄나물발효액에서 건져낸 부산물 각 200g
양념 | 고추장장아찌 양념(고추장 3큰술, 고춧가루 1큰술, 간장 1큰술)
간장장아찌 양념(간장 1/2컵)

고추장장아찌 만들기

1 발효액에서 건져낸 나물은 2~3 등분으로 썬다.

2 재료에 고추장과 고춧가루, 간장을 넣고 버무린다.

3 버무린 후 바로 먹거나 숙성시킨다.

간장장아찌 만들기

1 발효액에서 건져낸 나물은 2~3등분으로 썰어 간장을 부어 버무려놓는다.

2 짠맛의 정도는 발효액을 넣어 조절한다.

3 1~2일 지나 재료에 간장 맛이 스며들면 꺼내서 먹기 시작한다.

　　　　* 서양 피클을 포함한 장아찌 종류는 조금씩 담그는 것을 권한다.
　　　　자칫하면 다 먹지 못하고 결국은 버리게 된다.

각기 다른 성분을 지닌 100가지 식물에 당분을 넣어 발효시키면 건강에 이로운 효소가 만들어진다고 알려지면서 야생초발효액이 한때 큰 화제였다. 100가지는 아니더라도 주변에서 쉽게 구할 수 있는 야생초나 채소, 과일 등으로 발효액을 만들어놓고 음료나 음식의 양념으로 활용한다. 발효액에서 건져낸 부산물도 버리는 것 없이 장아찌나 잼, 양념 등으로 활용할 수 있다.

발효액을 거르고 난 부산물로 고추장장아찌와 간장장아찌를 만들었다. 설탕에 절여서 단맛이 나고, 수분이 빠져서 쫄깃하다. 고추장에 버무리기만 하면 봄나물 고추장장아찌가 된다.
간장장아찌 역시 간장만 부어두면 되니 간편하다. 발효 과정을 한 번 거친 재료라서 하루 이틀만 숙성해도 깊은 맛이 난다. 곱게 다져 주먹밥에 넣기도 하고 김밥 재료로도 활용한다.

텃밭 채소

밭에서 직접 기른 채소가 최고의 재료이자 음
식이 된다. 3월이 되면 냉이, 쑥, 씀바귀 등 야
생의 채소를 시작으로 밭에서 겨울을 난 시금
치와 파, 마늘, 그리고 씨앗을 뿌려 돋아난 어
린잎채소까지 작은 텃밭만 있어도 먹을거리
가 풍성하다. 갓 수확한 신선한 채소는 재료가
가진 본래의 맛에서 단맛, 짠맛, 쓴맛, 감칠맛
이 나는 완성된 음식이다.

텃밭채소비빔밥

기본재료 | 밥 2공기, 텃밭 채소(어린 상추, 솎은 당근, 솎은 래디시, 루콜라, 청경채 꽃대, 괭이밥 등) 각 2줌씩
양념 | 고추장 양념(고추장 2큰술, 고추발효액 2큰술, 고춧가루 1큰술)
　　　　　간장 양념(간장 2큰술, 레몬청 2큰술, 물 2큰술, 참깨 1큰술)

만들기

1 어린 채소는 뿌리째 다듬어 씻고, 큰 채소는 먹기 좋은 크기로 썬다.

2 고추장 양념, 간장 양념을 만든다.

3 그릇에 밥을 담고 채소를 수북이 올린다.

4 2가지 양념은 따로 담아낸다.

　　＊ 취향에 따라 참기름이나 들기름을 뿌린다.

텃밭에서 채소를 수확하기 시작하면 매콤한 고추장 양념과 깔끔한 맛의 간장 양념을 준비해 비빔밥을 만들어 먹는다. 상추, 열무, 루콜라 등 밭에 뿌린 씨앗의 어린 싹, 모종을 낸 채소들, 괭이밥, 망초, 질경이, 씀바귀 등 내 밭에 날아와 싹을 틔운 온갖 들나물들을 때마다 수확해 비빔밥을 만들면 양념장은 같아도 재료에 따라 맛이 다르다.

텃밭채소물김치

기본재료 | 어린잎 상추 2줌, 돌나물 2줌, 돌미나리 2줌, 청경채 꽃대 1줌, 래디시 1줌,
무 100g, 사과 1/4개, 물 4컵
양념 | 고운 고춧가루 1/2큰술, 매운 고추 1개, 오미자발효액 2큰술, 소금 1큰술, 식초 1큰술

만들기

1 무와 사과는 사방 2cm 크기로 얇게 썬다.

2 래디시는 모양 그대로 얇게 썬다.

3 어린잎 상추와 돌나물, 청경채 꽃대는 모양 그대로 손질해놓는다.

4 돌미나리는 잎과 줄기를 분리해 2cm 길이로 썰어놓는다.

5 매운 고추는 곱게 다져놓는다.

6 재료를 그릇에 담고 준비한 양념에 버무려 약 20분간 재워놓는다.

7 재워놓은 재료의 숨이 죽으면 물을 붓고 간을 맞춘 후 얼음을 띄운다.

봄이 되면 밭에서 채소 꽃대들이 올라오는데 꽃대 역시 귀한 식재료다. 열무 꽃대는 열무 맛이, 청경채 꽃대는 청경채 맛이 난다. 어린싹, 향이 진한 채소, 들풀, 사과 등을 넣어 샐러드 같은 상큼한 즉석 물김치를 완성했다.

텃밭채소샐러드

기본재료 | 상추 3줌, 어린 당근잎 2줌, 루콜라 1줌, 셀러리 1줌, 괭이밥 1줌, 청경채 꽃대 1줌,
고수꽃 1줌, 방울토마토 10알, 래디시 2알, 볶은 땅콩 2큰술
양념 | 소스(식초 2큰술, 레몬청 2큰술, 레몬소금 1조각 다진 것), 올리브유 3큰술, 생타임, 후추

만들기

1 샐러드용 채소를 씻어서 채반에 받쳐 물기를 뺀다.

2 땅콩은 손절구에 넣고 거칠게 빻는다.

3 방울토마토는 반으로 자르고, 래디시는 동글납작하게 썬다.

4 식초, 레몬청, 레몬소금을 섞어 소스를 만든다.

5 샐러드볼에 준비한 재료를 담고 소스, 올리브유, 생타임, 후추를 뿌린다.

* 레몬소금 만들기는 213쪽 참조.

갓 수확한 어린싹들을 고루 섞어 그때
그때 샐러드를 만든다. 곡식, 견과류,
과일 등을 함께 넣으면 샐러드만으로
도 한 끼 식사가 된다. 봄에 수확한 채
소 맛을 온전히 즐기려면 소스는 가급
적 적게 뿌린다.

텃밭채소샌드위치

기본재료 | 빵 4쪽, 단단한 두부 1/2모, 채소(루콜라, 상추, 어린 당근 싹, 어린 래디시 싹) 각 2줌
느타리버섯 4줌, 생타임, 생바질

양념 | 땅콩버터, 올리브유, 소금, 후추

만들기

1 채소는 씻어서 채반에 받쳐 최대한 물기를 뺀다.

2 느타리버섯은 가늘게 찢어 팬에서 볶아 수분을 날려 주고 소금, 후추를 뿌린다.

3 두부는 물기를 제거하고 1cm 두께로 잘라 소금, 후추를 뿌려 기름 두른 팬에서
노릇하게 굽는다.

4 채소에 후추와 올리브유를 뿌려 가볍게 버무려준다.

5 빵에 땅콩버터를 듬뿍 바른 후 채소, 두부, 버섯을 올리고 나머지 빵 한쪽을 올려
샌드위치를 완성한다.

    ＊ 기름 성분이 많은 땅콩은 산패가 빠르게 진행된다. 가공해서 판매하는
     땅콩버터보다는 직접 만들어 먹는 것을 추천한다.

화분이나 텃밭에 허브를 심어 키우면 언제든 이국적인 요리 맛을 즐길 수 있다. 민트, 타임, 딜, 로즈메리, 바질, 고수 등은 생각보다 잘 자란다. 한두 줄기만으로도 풍부한 맛을 낸다. 종류별로 소량 판매하는 곳도 많아서 어렵지 않게 구입할 수 있다.

땅콩버터는 껍질째 볶은 땅콩에 소금, 설탕이나 조청을 조금 넣고
절구에 빻거나 블렌더로 곱게 갈면 된다. 버터가 너무 빡빡하다 싶으면
현미유나 올리브유를 조금씩 넣어가며 농도를 조절한다.

양파·마늘

봄이 되면 따뜻한 남쪽 지방에서 수확한 엄청
난 양의 양파와 마늘이 전국으로 배달된다. 양
파와 마늘 모두 항균, 항산화 성분 등을 다량
함유하고 있어 염증 예방, 면역력 강화, 원기
회복 등에 좋은 식재료라 할 수 있다. 특히 마
늘은 '백 가지의 이로움'이 있다고 알려져 있을
정도로 그 효능을 인정받고 있다. 마늘과 양파
를 밥상 위의 주연으로 올려본다.

잎마늘채개장

기본재료 │ 잎마늘 6줄, 숙주 100g, 어린 얼갈이배추 4줌, 느타리버섯 2줌, 양파 1개,
불린 메주콩 2큰술, 맛물 8컵

양념 │ 된장 1작은술, 고춧가루 2큰술, 고추기름 2큰술, 매운 고추 1개,
간장 2큰술, 조청 1큰술, 다진 생강, 후추

만들기

1 잎마늘을 7~8cm 길이로 곱게 채썬다.

2 잎마늘 뿌리도 깨끗이 씻어서 송송 썰어놓는다.

3 느타리버섯은 가늘게 찢어서 팬에 덖어 수분을 날린다.

4 얼갈이배추도 잎마늘 정도 길이로 썰어놓는다.

5 맛물에 고춧가루, 불린 콩, 잎마늘 뿌리, 된장을 넣고 끓인다.

6 콩이 익으면 얼갈이배추, 느타리버섯, 양파, 잎마늘 등을 넣고 푹 끓여가며
간장, 생강, 조청 등을 넣는다. 다 익으면 숙주를 넣고 불을 끈다.

7 그릇에 담고 취향에 따라 고추기름, 후추, 매운 고추 등을 더한다.

마늘은 잎마늘, 마늘종, 마늘 등 자라는
시기별로 재료의 식감과 쓰임새가 전
혀 다르다. 풋마늘이라고도 불리는 잎
마늘로 파개장을 끓이듯 얼큰하게 탕
을 끓였다. 파개장이 부드럽고 달큰하
다면 잎마늘 채개장은 맛이 담백하고
깔끔하다.

잎마늘간장장아찌

기본재료 | 잎마늘 10줄, 무 1/5개, 물 1컵
양념 | 간장 4큰술, 현미식초 1/2컵, 원당 1/2컵, 소금 2큰술, 말린 홍고추 2개, 생강 1쪽

만들기

1 잎마늘은 4cm 길이로 썰고 무도 비슷한 크기로 썬다.

2 홍고추는 3~4조각으로 잘라놓고 생강은 채썬다.

3 저장용 그릇에 잎마늘과 무, 홍고추, 생강을 담는다.

4 냄비에 간장, 식초, 원당, 소금과 물을 넣고 끓인다.

5 끓어오르면 불을 끄고 잠시 식힌 후 준비한 재료에 붓는다.

　＊ 장아찌를 먹고 난 후 남은 간장 양념은 볶음 요리, 비빔 요리, 구이용 소스 등으로 활용한다.

마늘이나 마늘종을 이용한 장아찌보다 잎마늘장아찌를 즐겨 만든다. 줄기와 잎을 토막 내서 무와 매운 고추를 썰어 함께 담근다. 마늘장아찌와 달리 부드러운 마늘 향을 즐길 수 있어서 좋다. 아삭한 무와 매콤한 고추 맛이 함께 어우러진 밥도둑 반찬이다.

자색양파샐러드

기본재료 | 자색 양파 1개, 돌나물 1줌, 연근 1토막, 마 1토막, 볶은 땅콩 1큰술
양념 | 레몬청 2큰술, 레몬청 과육 4조각, 식초 1큰술, 올리브유 2큰술, 소금, 후추

만들기

1 양파는 결대로 최대한 얇게 썰어 찬물에 약 1분간 담근 후 물기를 뺀다.

2 마는 5mm 두께로 썰고 연근은 껍질째 얇게 썰어 끓는 물에 잠깐 데친 후
   채반에 건져 찬물을 뿌려 식힌다.

3 돌나물은 먹기 좋은 크기로 손질해 씻어놓는다.

4 땅콩은 껍질째 굵게 빻는다.

5 레몬청에 소금, 식초를 넣고 소스를 만든다.

6 그릇에 준비해놓은 재료를 담고 소스와 올리브유, 후추를 뿌린다.

   * 샐러드용 재료들은 미리 손질해 냉장 보관한다. 더욱 신선하고 아삭한 식감을
     맛볼 수 있을 뿐 아니라 재료 고유의 결이 살아 있어 보는 눈도 즐겁다.

자색 양파는 흰 양파보다 수분이 적고
맛이 달아 샐러드, 무침 등 생것으로 먹
을 때 즐겨 사용한다. 연근, 마 등을 썰
어 넣고 돌나물과 고소한 땅콩까지 곁
들인다. 여기에 상큼한 레몬소스를 올
리면 맛이 한결 새롭다.

마늘종볶음밥

기본재료 | 밥 2인분, 마늘종 10줄, 마늘 10쪽, 새송이버섯 1개
양념 | 현미유 3큰술, 들기름 1큰술, 소금 1작은술, 간장 1큰술, 조청 1/2큰술, 후추

만들기

1 마늘종은 1cm 길이로 썰고 마늘은 편으로 썬다.

2 새송이버섯은 1cm 크기로 깍둑썰기한다.

3 팬에 기름을 두르고 마늘, 마늘종, 새송이버섯을 넣고 볶는다.

4 마늘이 노릇해지고 마늘종이 맑은 녹색을 띠면 간장, 조청을 넣고 볶는다.

5 밥을 넣고 재료가 고루 섞이도록 볶아가며 들기름, 소금, 후추를 넣고 마무리한다.

마늘종을 송송 썰어 넣고 중국식 볶음밥을 했다. 마늘도 편으로 썰어 기름에 튀기듯 볶아 넣었더니 마늘 향이 은은하다. 열에 익힌 마늘종은 쫄깃하고 맛도 부드러워 넉넉하게 넣어도 전혀 부담이 없다.

양파마늘구이

기본재료 | 작은 양파 3개, 마늘 2통, 마늘종 8줄, 마 1토막, 콜리플라워 1조각, 상추 1줌
양념 | 들기름 2큰술, 굵은소금 1작은술, 로즈메리

만들기

1 작은 양파는 반으로 자르거나 1/4등분한다.

2 마늘 1통을 껍질째 반으로 자른다.

3 마늘종은 1/2등분한다.

4 마는 껍질을 벗겨내고 2cm 두께로 썬다.

5 철판에 준비해놓은 재료를 올리고 들기름과 소금을 뿌린다.

6 250도 오븐에서 약 15분 동안 굽는다.

껍질을 벗긴 햇양파와 마늘의 색이 투명하다. 소금과 들기름을 뿌려 오븐에 굽기만 했을 뿐인데 부족함 없는 맛이다. 구운 마늘종은 아스파라거스 같기도 하다. 스치듯 느껴지는 로즈메리 향이 풍미를 한층 더한다.

완두콩

완두콩은 콩 중에서도 단백질과 탄수화물이 매우 풍부하다. 갓 수확한 연두색 완두는 맛이 달고 수분이 많아 콩이 아닌 다른 열매채소를 먹는 느낌이다. 우리나라에서는 주로 밥에 넣어 먹는데 밥에만 넣기에는 아쉬움이 많은 식재료다. 시장에서 사는 알이 굵고 선명한 초록색 완두콩은 대부분 개량종이다. 토종 완두콩은 알이 조금 작고 고소한 맛이 진하다.

완두콩밥패티

기본재료 │ 삶은 완두콩 3컵, 밥 1.5인분, 다진 표고버섯 1/2컵
양념 │ 매운 고추 1개, 소금, 후추, 현미유

만들기

1 삶은 완두콩을 그릇에 담아 거칠게 으깬다.

2 매운 고추는 다져놓는다.

3 완두콩에 밥과 다진 표고버섯을 넣고 으깨며 고루 섞는다.

4 고추, 소금, 후추를 넣고 반죽하듯 치대어 동글납작하게 빚는다.

5 팬에 기름을 두르고 앞뒤로 노릇하게 굽는다.

완두콩을 삶아 밥과 함께 으깨어 동글
납작하게 빚어서 구웠다. 기름을 두르
고 바삭하게 지지면 가벼운 디저트로,
두툼하게 빚어서 채소와 곁들이면 든
든한 한 끼, 빵에 올리면 채식 버거나
샌드위치가 된다.

으깬완두콩과 바게트

기본재료 | 삶은 완두콩 300g, 바게트 6쪽
양념 | 참깨 2큰술, 꽈리고추 2개, 마늘 2쪽, 올리브유 4큰술, 고수, 타임, 소금, 후추

만들기

1 참깨를 거칠게 갈아놓는다.

2 마늘, 꽈리고추, 고수, 타임은 곱게 다진다.

3 그릇에 삶은 완두콩을 넣고 입자가 살아 있는 정도로 으깬다.

4 으깬 콩에 모든 재료를 넣고 올리브유를 넣어 섞는다.

5 바게트에 4를 올린다.

    ＊ 로즈메리, 딜, 민트, 오레가노 등을 넣기도 한다.

영국의 대표적인 대중 음식 '피시앤칩스'는 튀김옷을 입혀 두툼하게 튀겨낸 흰살생선과 감자튀김에 완두콩이 곁들여 나온다. 완두콩은 주로 으깨서 나오는데 집집마다 조리법이 달라 주요리보다 먹는 재미가 있다. 으깬완두콩 요리는 완두가 제철일 때 마음껏 만들어 먹는다.

껍질완두콩볶음

기본재료 | 껍질완두콩 300g
양념 | 마늘 4쪽, 생강 2쪽, 고춧가루 1/2큰술, 소금 1작은술, 레몬즙, 후추, 타임

만들기

1 완두콩은 껍질이 쉽게 까지도록 꼭지를 손질한다.

2 마늘과 생강은 곱게 다진다.

3 팬에 기름을 넉넉히 두르고 마늘과 생강을 넣고 약불에서 볶으며 향을 낸다.

4 완두콩을 넣고 타지 않도록 고루 저어주며 속이 익을 때까지 약불에서 볶는다.

5 속이 다 익은 듯하면 고춧가루, 소금, 레몬즙, 후추, 타임을 넣고
  버무린 후 불을 끈다.

완두를 껍질째 양념에 볶은 음식이다. 입속에서 껍질을 발라내야 하는 번거로움이 있으나 양념 맛 반, 콩 맛 반의 재미로 먹는다. 고소한 콩 맛은 덜 하지만 껍질째 먹을 수 있는 덜 여문 완두나 그린빈스로 대신해도 된다.

담백한 완두콩찜

기본재료 | 완두콩 300g
양념 | 소금

만들기

1 완두콩은 쉽게 까먹을 수 있도록 꼭지를 중심으로 껍질 가운데 부분의
   실 같은 줄을 벗겨 손질한다.
2 찜통을 불에 올려놓고 물이 끓으면 완두를 넣고 약 5분간 찐다.
3 껍질이 투명한 초록색이 되면 꺼내서 식힌다.

'최상의 재료가 곧 최고의 음식'이라는
말을 경험하게 하는 음식이다. 갓 수확
한 완두를 찜통에 찌기만 하면 요리가
완성된다. 소금에 톡 찍어 껍질째 입에
넣고 훑으면 콩알만 알알이 나온다. 더
없이 부드럽고 달다.

완두는 수확 기간이 짧아서 때를 놓치
면 구하기 힘들다. 흐르는 물에 씻어 일
부는 껍질째 손질해 찜통에 찌고 일부
는 껍질을 까서 삶는다. 갓 수확한 완두
는 끓는 물에서 아주 잠깐 동안 찌거나
삶아도 금세 익는다.

여름

여름은 좋은 것을 선택해 먹고, 충분한
휴식이 필요한 시기다. 상추, 오이, 호박,
수박, 참외, 복숭아 등 여름 채소와 과일
로 부족한 수분을 채우고 열을 식힌다.
미네랄과 섬유질이 풍부한 제철 채소와
과일을 듬뿍 먹으면 에너지 소모가 많은
여름을 건강하게 보낼 수 있다.

당근·감자

작은 밭에서 홍감자, 자주감자, 분홍감자를 수
확했다. 모두 토종이다. 껍질은 붉고 속은 노
란 감자, 겉과 속이 모두 보랏빛이 도는 감자,
수분이 적어 포슬포슬하거나 찰진 감자, 단맛
이 많이 나는 감자. 색과 생김새가 다르듯 맛
도 모두 다르다. 지역의 도시 농부로부터 구한
종자들이다. 수확한 흰당근도 토종으로 수분
이 적고 섬유질이 많다. 맛은 당근 맛인데 도
라지와 인삼 향이 난다. 뜻밖에 알게 된 매우
귀한 채소다.

감자당근밥

기본재료 | 쌀 2인분, 어린 감자(자주감자, 분홍감자 등) 8개, 토종 흰당근 2개, 강낭콩 1/2컵
양념 | 소금

만들기

1 감자는 알이 작은 것을 골라서 껍질째 반으로 자른다.
2 당근은 굵은 것은 대추알 정도 크기로 어슷썰기하고, 잔뿌리는 그대로 쓴다.
3 씻은 쌀에 소금을 조금 넣고 고루 섞은 후 밥물을 붓는다.
4 준비해놓은 감자, 당근, 강낭콩을 넣고 밥을 한다.

햇감자와 햇콩, 갓 수확한 당근을 넣고 밥을 지었다. 밥솥 뚜껑을 여니 신선한 재료를 넣어 지은 밥 냄새가 구수하다. 여러 가지 채소를 넣어 밥을 지을 때 소금을 한 꼬집 정도 넣어주면 흩어져 있는 각각의 맛을 하나로 잡아주어 맛이 한결 살아난다.

감자경단

기본재료 | 감자 4알, 완두콩 1/2컵
양념 | 조청 2큰술, 소금 1작은술, 당근잎가루

만들기

1 감자는 껍질을 벗기고 포슬포슬한 느낌이 날 정도로 찐다.

2 완두콩은 감자가 다 익어갈 무렵 뚜껑을 열고 감자 위에 올려서 함께 찐다.

3 다 익은 감자와 완두를 큰 그릇에 옮겨 담고 식기 전에 으깬다.

4 조청과 소금을 넣고 고루 섞은 후 한 입 크기로 동그랗게 경단을 빚는다.

5 경단에 당근잎가루를 듬뿍 묻힌다.

　＊ 말린 당근잎을 분쇄기에 갈아 당근잎가루를 만든다.
　　 당근잎 말리기는 85쪽 참조.

어린 시절 맛보았던 으깬 감자 경단. 마요네즈를 넣고 버무린 경단을 노란색 카스텔라 빵가루에 굴려 입에 넣으면 맛의 신세계였다. 어른이 된 지금은 말린 초록 당근잎가루를 뿌려 만든 경단을 따뜻한 차와 함께 즐긴다.

당근감자구이

기본재료 | 감자(수미감자, 토종 자주감자, 분홍감자) 6알, 당근(토종 흰당근, 붉은당근) 4개, 강낭콩 4줄
양념 | 올리브유, 로즈메리, 타임, 소금

만들기

1 감자, 당근은 잘 익도록 작은 크기를 고르거나 잘라서 오븐 팬에 올린다.

2 강낭콩은 껍질째 올린다.

3 올리브유, 소금을 뿌린 후 로즈메리와 타임도 넉넉히 뿌린다.

4 예열한 250도 오븐에서 약 15분간 굽는다.

  * 큰 감자나 당근은 잘라서 찜통에 찐 후 오븐에 구우면 수분 증발도 덜 하고
    굽는 시간도 줄일 수 있다.

온전한 재료 맛을 느끼고 싶을 때면 냉장고 속 온갖 채소를 오븐에 넣고 굽는다. 들기름과 소금을 뿌려 굽기도 하고 올리브유에 허브를 얹어 굽기도 한다. 이보다 더 푸짐하고 다채로울 수 없다. 햇감자와 햇당근도 오븐에 자주 들어가는 재료다.

당근잎튀김

기본재료 | 당근 줄기 20개, 밀가루 1컵, 녹말가루 1/2컵, 물 2컵
양념 | 간장, 후추, 현미유

만들기

1 당근잎은 손바닥 크기 정도만 남기고 줄기 끝부분을 자른다.

2 밀가루, 녹말가루, 물, 간장, 후추를 넣어 튀김옷을 만든다.

3 중불에서 튀김용 기름을 끓인다.

4 당근잎에 밀가루를 고루 묻힌 후 튀김옷을 입혀 튀긴다.

주로 뿌리를 먹는 당근은 알고 보면 파
슬리, 셀러리와 같은 미나리과다. 잎의
생김새는 물론 향과 맛도 비슷하다. 당
근잎에 튀김가루를 묻혀 튀기면 입안
에서 바사삭 부서지며 당근 향이 가득
하다.

당근잎자반

기본재료 | 마른 당근잎 100g
양념 | 현미유 3큰술, 들기름 1큰술, 원당 2작은술, 소금 1작은술

만들기

1 속이 깊은 궁중 팬에 기름을 넣고 당근잎을 넣어 약한 불에서 서서히 덖는다.

2 타지 않도록 계속 덖어준 후 잎이 선명한 초록색이 되면 불을 끄고
소금, 원당을 뿌린다.

    * 당근잎 말리기_당근잎은 억센 줄기는 골라내고 잎만 사용한다.
       끓는 물에 가볍게 데쳐서 건조기에서 바싹 말린다.

당근은 한 해에 봄과 가을, 두 번 수확한다. 잎은 삶아서 냉동실에 보관하거나 건조기에 말려 저장하기도 한다. 바싹 마른 당근잎을 파래자반 만들듯이 볶아서 반찬이나 술안주, 간식으로 즐겨보자. 말린 당근잎을 갈아 파슬리 대신 사용해도 좋다.

당근수프

기본재료 | 당근 2개, 양파 1개, 두유 1컵, 식빵 1장, 물 2컵
양념 | 올리브유 3큰술, 소금, 당근잎가루, 후추

만들기

1 당근 2개를 큼직하게 썰어 물에 넣고 푹 끓인다.

2 양파는 깍둑썰기하고 올리브유를 넣고 갈색이 되도록 볶는다.

3 당근은 삶은 물과 함께 양파, 식빵을 넣고 블렌더로 곱게 간다.

4 냄비에 갈아놓은 재료와 두유를 넣고 저어가며 끓인다.

5 소금을 넣고 물이나 두유로 농도를 조절하며 약불에서 좀 더 뭉근하게 끓인다.

6 수프를 그릇에 담고 올리브유 조금, 당근잎가루, 후추를 뿌려 마무리한다.

* 식빵 대신 바게트, 깜빠뉴 등도 가능하다.

몸에 좋은 슈퍼푸드로 알려진 당근은 음식의 조연으로 주로 쓰인다. 당근을 주연으로 수프를 끓였다. 냉장고에 넉넉히 보관해두고 조금씩 꺼내 데워 먹는다. 가벼운 아침 식사나 회복식으로 좋다. 파슬리가루 대신 당근잎가루를 만들어 수프 위에 뿌렸다.

당근채소밥

기본재료 | 쌀 2인분, 당근 1개, 표고버섯 5개, 우엉 1토막(20cm)
양념 | 간장 1/2큰술, 현미유 1큰술, 소금

만들기

1 쌀을 씻어 밥물을 붓는다.
2 당근, 표고버섯, 우엉은 곱게 다진다.
3 쌀에 다진 재료와 간장, 현미유, 소금을 넣고 밥을 짓는다.
4 밥이 완성되면 고루 섞는다.

당근과 표고버섯, 우엉을 곱게 다져 밥을 짓는다. 재료는 단순한데 맛과 색이 멋스럽다. 백김치나 샐러드 정도만 곁들여도 충분하다. 참기름 넣어 주먹밥도 만들고, 단촛물을 만들어 유부초밥도 만들어보자.

매실

6월이면 청매실을 시작으로 차츰 농익은 황매실을 수확한다. 청매실은 장아찌를 담고 황매실은 발효액을 담아 1년 내내 숙성시키며 먹는다. 소화가 안 되고 배탈이 나면 가정상비약으로 쓸 만큼 친숙해진 매실은 해독작용은 물론 살균작용이 탁월하다. 초여름 매실이 나오는 계절에는 소금절임, 설탕절임, 우메보시, 잼 등 매실 김장을 한다.

매실자소엽초밥

기본재료 | 밥 2인분, 매실장아찌 2큰술, 자소엽 40장, 두부 1/2모, 오이 1/2개, 가지 1/2개
양념 | 단촛물(식초 2큰술, 원당 1큰술, 소금 1작은술), 고추냉이소스, 소금

만들기

1 냄비에 식초, 원당, 소금을 넣고 녹인 후 중불에서 끓여 식힌다.
2 밥이 따뜻할 때 단촛물을 넣고 고루 섞으며 식힌다.
3 한 입 크기로 초밥을 만든 후 자소엽 1~2장, 고추냉이소스, 매실장아찌를 올린다.
4 두부, 오이, 가지 등을 큼직하게 썰고 소금을 뿌려 구워 곁들인다.

절인 매실과 붉은 자소엽으로 만든 초밥. 매실과 자소엽은 모두 살균, 해독작용이 있어 둘의 조합은 그 효능이 배가 된다. 무엇보다 독특한 맛과 향이 식욕을 돋운다. 식중독이 우려되는 여름철, 매실과 자소엽 음식으로 맛과 건강을 함께 챙긴다.

청매실절임

기본재료 | 씨 빼낸 매실 2kg, 황설탕 2kg, 소금 2큰술

만들기

1 매실에 설탕 1.8kg을 붓고 버무려서 꼭꼭 눌러 실온에서 보관한다.

2 하루 정도 지나 매실이 쪼글쪼글해지면 매실청과 매실을 분리한다.

3 매실에 소금을 넣고 버무린 후 병에 담아 꼭꼭 눌러놓는다.

4 남겨놓은 설탕 200g을 위에 붓고 실온에서 하루 정도 둔 뒤 냉장 보관한다.

   * 분리한 매실청은 숙성시켜 발효액을 만들거나 음식 재료로 사용한다.

매실절임 한 조각을 입에 넣으면 정신이 번쩍 들 만큼 상큼하다. 신맛이 강한 매실절임은 숙성될수록 맛이 차분해진다. 참기름을 한두 방울 떨어뜨려 무쳐도 맛있다. 고추장에 무쳐 매콤하게 먹기도 한다.

황매실자소엽절임

기본재료 | 황매실 3kg, 자소엽 300g, 황설탕 3.3kg

만들기

1 황매실은 깨끗이 씻어 꼭지를 뗀 후 물기를 말린다.
2 자소엽은 물기가 있는 상태에서 바락바락 주물러 떫은맛과 탁한 색을 우려낸 후 헹구기를 2~3회 반복하고 물기를 말린다.
3 저장용 병에 자소엽을 깔고 매실, 자소엽, 설탕 순으로 켜켜이 넣는다.
4 마지막에 설탕으로 재료가 보이지 않을 정도로 덮고 실온에서 숙성시킨다.
5 6개월 이상 숙성 후 사용한다.

농익은 황매실과 붉은 자소엽을 넣고 설탕절임을 했다. 잘 숙성된 절임은 색과 향이 화려해 쓰임새가 다양하다. 걸러낸 액은 음료나 양념으로 쓰고 매실과 자소엽 역시 디저트나 음식의 맛을 내는 허브로 활용한다.

오이·가지

오이는 90%가 수분으로 갈증과 더위를 이겨
낼 수 있는 여름철 대표 채소다. 우리가 흔히
먹는 녹색 오이는 덜 자란 오이다. 늙을 노(老)
자를 붙인 노각이 알고 보면 잘 익은 오이라고
하니 풋오이에 기분 좋게 속은 느낌이다.
가지는 신라시대 때부터 재배했다는 기록이
있을 만큼 역사 깊은 음식 재료다. 영양분이
풍부하고, 열에 익히면 식감이 한없이 부드럽
다. 특히 기름에 볶거나 튀기면 가지의 영양
흡수를 한층 높일 수 있다.

오이김밥

기본재료 | 밥 2인분, 오이 2개, 김밥용 김 4장
양념 | 참기름, 고추냉이소스, 소금

만들기

1 오이는 약 5mm 굵기로 채썬다.

2 채썬 오이를 소금에 10분 정도 절인 후 거즈에 올려 물기를 짠다.

3 밥에 소금, 참기름을 넣고 섞는다.

4 김에 밥을 펼쳐놓고 채썬 오이를 듬뿍 넣어 김밥을 만다.

5 김밥을 썬 후 위에 고추냉이소스를 곁들인다.

오이는 소금에 절이고 밥은 소금, 참기름으로 양념한 후 김밥을 만다. 여기에 콧속 깊숙이 매운맛이 올라오는 고추냉이소스를 곁들인다. 재료가 단순하니 맛이 깔끔하고 담백하다. 상큼한 오이와 알싸한 고추냉이소스의 조합이 환상적이다.

오이무냉국

기본재료 | 중간크기 오이 2개, 무 100g, 물 4컵
양념 | 소금 2작은술, 식초 1큰술, 황설탕 2작은술

만들기

1 오이는 곱게 채썬다.

2 무도 오이와 같은 굵기로 채썬다.

3 채썬 무와 오이를 그릇에 담고 소금, 식초, 설탕을 넣고 약 10분간 절인다.

4 재료가 절여지면 물을 부어가며 간을 맞추고 냉장고에서 차게 만든다.

＊ 채소피클 국물이 있다면 냉국에 활용해도 좋다.

싱싱한 오이와 햇무를 곱게 채썰어 냉국을 만든다. 소금으로 간을 맞추고 식초, 설탕으로 맛을 내면 맛이 깔끔하다. 오이와 무를 듬뿍 넣어서 먹으면 냉국보다는 촉촉한 샐러드에 가깝다. 입맛도 찾고 무더위도 식혀줄 대표적인 여름 음식이다.

노각샐러드

기본재료 | 중간크기 노각 1개, 돌나물 2줌
양념 | 오미자발효액 1큰술, 식초 1/2큰술, 간장 1/2큰술, 물 1큰술, 들기름 1큰술, 후추

만들기

1 노각은 껍질째 5mm 두께로 동글납작하게 썬다.
2 오미자발효액, 식초, 간장, 들기름 등 양념 재료를 섞어 소스를 만든다.
3 그릇에 노각과 돌나물을 담고 소스를 뿌린다.

노각을 껍질째 먹어보자. 노각은 당연히 껍질을 벗기고 먹어야 한다고 생각하는데 신선한 노각 껍질은 아삭할 뿐 아니라 심심한 오이 맛의 허전함을 채워준다. 노각을 툭툭 썰어 소스만 뿌리면 금세 시원하고 상큼한 샐러드 한 접시가 완성된다.

고추기름오이피클

기본재료 | 오이 3개, 가지 1개, 매운 청고추 5개, 홍고추 2개, 깻잎 20장
양념 | 간장 1/3컵, 물 1/2컵, 매실청 1/2컵, 식초 1/3컵, 고추기름 2큰술, 통후추 10알

만들기

1 오이와 가지는 길이대로 반을 가르고 큼직하게 썬다.

2 고추와 깻잎은 듬성듬성 썬다.

3 물, 식초, 간장, 매실청을 넣고 재료가 서로 섞이도록 가볍게 끓인다.

4 저장 그릇에 오이와 가지, 고추, 깻잎, 후추를 담고 한 김 식힌 소스를 붓는다.

5 고추기름을 넣는다.

6 냉장고에서 하루 정도 숙성시킨 후 먹는다.

　＊ 고추기름 만들기_작은 냄비에 현미유 1컵을 넣고 약불에서 끓인 후 불을 끄고
　　고춧가루 1/2컵을 넣는다. 색이 우러나도록 저어준 후 잠시 두었다가 거름종이에 거른다.

고추기름을 만들어 오이, 깻잎 등을 넣고 피클을 만들었다. 오이에 깻잎 향과 고추기름 향이 스며들어 매콤하다. 무, 오이, 당근, 셀러리 등 자투리 채소가 생길 때마다 피클을 만든다. 생채소를 부담 없이 먹을 수 있는 냉국이나 피클은 여름철에 매우 이로운 음식이다.

가지구이찜

기본재료 | 중간크기 가지 4개
양념 | 양념장(간장 2~3큰술, 고추장 1큰술, 조청 2큰술, 물 4큰술)
쪽파 4줄, 현미유 2큰술, 실고추 2작은술, 들기름 1큰술

만들기

1 가지는 등 위에 사선으로 칼집을 5~6개 깊게 낸다.

2 간장, 고추장, 물, 조청을 넣어 양념장을 만들고, 쪽파는 곱게 썬다.

3 깊은 팬에 현미유를 두르고 가지를 넣은 후 돌려가며 굽듯이 익힌다.

4 가지가 어느 정도 숨이 죽으면 양념장과 실고추, 들기름을 넣고 중불에서 졸인다.

5 양념장이 가지에 고루 스며들도록 숟가락으로 끼얹어주고
가지에 쪼글쪼글한 주름이 잡히면 불을 끄고 파를 올려 마무리한다.

통통한 가지에 칼집을 내어 굽고, 양념장을 뿌려가며 푹 익힌 가지 요리다. 간장과 고추장, 들기름으로 맛을 내고, 곱게 다진 생파를 올렸다. 나이프로 썰어 한 조각씩 먹으며 맛을 음미한다. 재료비는 얼마 안되는데 고급 음식점에 온 듯한 느낌이다.

가지두부덮밥

기본재료 | 밥 2인분, 중간크기 가지 4개, 두부 1/2모, 삶은 강낭콩 1줌
양념 | 대파 1줄, 마늘 3쪽, 매운 홍고추 2개, 간장 2큰술, 현미유 4큰술, 참기름 1큰술

만들기

1 가지는 2cm 두께로 동글납작하게 썬다.

2 두부는 거칠게 으깨어놓는다.

3 파는 곱게 썰고, 마늘과 고추는 다져놓는다.

4 팬에 기름을 두르고 파, 마늘을 넣고 볶으며 향을 낸다.

5 4에 가지, 강낭콩, 고추를 넣고 볶아 간장으로 간을 한다.

6 가지가 익었을 때 두부를 넣고 볶다가 참기름을 넣고 불을 끈다.

7 그릇에 밥을 담고 볶은 재료를 올린다.

가지가 나오는 철에는 각종 가지밥을 만든다. 양념한 가지를 올려 밥을 짓기도 하고, 기름에 볶아 덮밥을 만들기도 한다. 가지에 두부와 콩을 넣고 파기름을 내어 볶으니 동남아 음식을 먹는 듯 새로운 맛이다. 반찬을 따로 준비하지 않아도 되는 한 그릇 음식으로 부족함이 없다.

가지상추냉국

기본재료 | 가지 3개, 방울토마토 10알, 상추 2줌, 맛물 5컵
양념 | 쪽파 2줄, 고추 1개, 식초 1큰술, 매실청 2큰술, 간장 2큰술

만들기

1 가지는 길이대로 칼집을 내어 너무 무르지 않게 찜통에 찐다.

2 적당히 찐 가지를 재빨리 식힌 후 먹기 좋은 크기로 찢는다.

3 상추도 끓는 물에서 약 5~10초 정도 데친 후 찬물에 헹군다.

4 방울토마토는 반으로 자르고, 쪽파와 고추는 송송 썬다.

5 그릇에 준비한 재료를 담고 양념을 모두 넣고 버무린 후 약 10분간 절인다.

6 다 절여진 재료에 맛물을 부어 맛이 어우러지면 먹기 전에 얼음을 띄운다.

> * 상추를 끓는 물에 살짝 데치면 아삭한 식감이 매우 좋다. 상추는 한 봉지 사면
> 다 먹지 못하고 버리는 경우가 많은데 데친 상추로 된장국, 무침, 밥도 할 수 있다.

가지와 상추를 데쳐서 냉국을 만든다.
가지냉국도 낯설고 데친 상추도 생소
할 수 있으나 의외로 여름 내내 즐겨 먹
을 수 있는 냉국 중 하나다. 입안에서
톡톡 터지는 새콤한 토마토 맛도 좋다.
간장 대신 된장을 조금 풀어 국물 맛을
내면 맛이 좀 더 부드럽고 구수하다.

여름 과일

여름철 강한 햇볕에 잘 익은 과일은 무더위에
지친 몸과 마음을 번쩍 깨울 만큼 시고 달다.
자두, 복숭아, 살구, 사과가 있고, 과일 같은
열매채소 참외, 수박, 딸기도 있다. 과일이 요
리 재료가 된다면 어떤 맛일까. 풋과일, 농익
은 과일, 맛이 없는 과일도 모두 음식 재료가
될 수 있다.

수박물국수

기본재료 │ 국수 2인분, 미니수박 1/2통, 수박 속껍질 2줌, 신 김치 국물 2컵, 양파 1/2개, 당근 1/2개
양념 │ 쪽파 4줄, 고춧가루 2큰술, 고추장 1큰술, 오미자청 3큰술, 식초 2큰술,
　　　　 고추발효액 2큰술, 소금

만들기

1 수박은 반으로 가르고 속을 파낸 후 씨앗을 골라내고 곱게 간다.
2 그릇에 수박 간 것, 신 김치 국물, 식초, 고추발효액, 오미자청, 고춧가루,
　 고추장을 넣고 국물을 만든 후 살얼음이 생길 정도로 얼린다.
3 수박 속껍질, 양파, 당근, 쪽파 등을 곱게 채썬다.
4 국수를 삶아 찬물에서 여러 번 헹군 후 그릇에 담고 살얼음 낀 국물과
　 썰어놓은 채소를 올린다.

수박을 갈아 신 김치 국물과 섞어 국수
용 국물을 만들었다. 매콤, 달콤, 새콤
한 자극적인 맛이다. 수박 특유의 시원
한 맛이 신 김치 국물과 잘 어우러진다.
국물을 미리 만들어 냉동실에서 살얼
음을 만든 후 국수를 올린다. 찬밥을 말
아 먹어도 맛있다.

모둠과일생김치

기본재료 | 천도복숭아 1개, 참외 1/2개, 자두 2개, 사과 1/2개, 오이 1개
양념 | 실파 2줄, 풋고추 2개, 고춧가루 2큰술, 오미자청 2큰술, 간장 1큰술, 소금 1작은술, 참깨 1큰술

만들기

1 복숭아, 참외, 자두, 사과, 오이는 모두 한 입 크기로 썬다.

2 풋고추는 1~2cm 길이로 썰고, 실파는 송송 썬다.

3 그릇에 썰어놓은 과일을 담고 소금을 뿌려 잠시 절인다.

4 10분 정도 지난 후 풋고추, 고춧가루, 오미자청, 간장, 파, 깨를 넣고 버무린다.

　＊ 단단한 과일을 활용한다. 수분이 많이 생기므로 1~2일 안에 먹는다.

베트남 여행 중에 과일을 섞어 라면 스프 같은 가루와 설탕을 듬뿍 친 길거리 음식을 맛본 적이 있다. 과일에 고춧가루 묻은 양념이 무척이나 낯설었는데 호기심에 한 입, 또 한 입, 계속 먹게 되었다. 남은 것을 냉장고에 보관해두었다가 다음날 먹었더니 숙성되어 더 맛있었다.

수박샐러드

기본재료 | 속노랑 미니수박 1/2개
양념 | 생타임, 굵은소금

만들기

1 수박 모양을 그대로 살려 약 3cm 두께로 썬다.

2 껍질째 삼각 모양으로 6~8 등분한다

3 굵은소금과 허브 타임을 뿌린다.

＊ 수박은 겉껍질만 얇게 벗겨내고 흰색 속껍질은 소금에 절인 후
오이무침처럼 무치거나 즉석 피클을 만든다.

애플수박, 속노랑수박 등 크기가 작은
수박은 부담 없이 자주 사 먹게 된다.
냉장고에 시원하게 보관했다가 동글납
작하게 잘라서 소금과 허브를 뿌려 디
저트로 내보았다. 향긋한 수박 향에 소
금과 허브를 더한 멋진 디저트가 순식
간에 완성됐다.

참외무침

기본재료 | 참외 2개
양념 | 소금 1큰술, 참기름 1/2큰술, 실고추 1작은술

만들기

1 참외는 반으로 자르고 속을 파낸다.

2 껍질째 2~3mm 두께로 썰어 소금에 절인다.

3 마른 천에 싸서 물기를 짠다.

4 참기름, 실고추를 넣고 무친다.

맛없는 참외가 냉장고에 있다면 망설이지 말고 반찬으로 활용한다. 껍질째 썰어서 소금으로 절여 무친다. 상큼한 참외 향이 나는 나물무침이다. 무더운 여름날 뽕잎가루나 녹차가루를 탄 얼음물에 밥을 말아 참외무침을 얹어 먹는다. 밥도둑 별미 반찬이다.

덜 익은 참외를 반으로 갈라 속을 파내고 소금에 절여 말리는 과정이다. 고추장이나 술지게미에 박아 장아찌를 만들기 위한 전 작업이다. 잘 발효된 참외 장아찌는 썰어서 무치거나 김밥 재료로 활용한다.

속을 파낸 참외를 약 5mm 두께로 썰어 피클 담을 준비를 한다. 물에 식초, 설탕, 소금을 넣고 끓여 참외에 부은 후 월계수잎이나 로즈메리, 후추 등을 첨가한다.

토마토

토마토는 전 세계적으로 그 종류만도 수천여 가지이며, 국내에서 재배되는 토마토 종류도 점점 늘어나고 있다. 이탈리아 사람들은 토마토 수확철이 되면 일 년 동안 먹을 토마토 저장 식품을 만든다. 온 가족과 이웃이 모여 토마토를 수확해서 끓이고 병에 담는 모습이 우리나라 김장하는 모습과 흡사하다. 토마토는 열에 익히면 영양 면에서도 좋고, 단맛과 감칠맛을 더해 음식 맛이 더욱 풍성해진다.

토마토두부카프레제

기본재료 | 중간크기 토마토 4개, 두부 1모, 올리브유 4큰술, 생바질
양념 | 토마토식초 1/2큰술, 레몬청 2큰술, 소금, 후추, 생로즈메리와 생타임 등 허브

만들기

1 두부를 천 주머니에 넣고 곱게 으깬다.

2 양념용 허브를 곱게 다져 소금, 후추와 함께 두부에 넣어 고루 섞는다.

3 으깬 두부를 천에 싸서 긴 원형이 되도록 모양을 잡아가며
  수분을 꼭 짠 후 냉장 보관한다.

4 올리브유에 식초, 레몬청을 넣어 소스를 만든다.

5 토마토는 모양을 살려 한 입 크기로 두툼하게 자른다.

6 두부를 꺼내서 1cm 두께로 자른 후 토마토, 바질과 함께 접시에 담는다.

7 4의 소스를 듬뿍 끼얹는다.

카프레제는 이탈리아 남부 카프리 지역의 샐러드로 토마토, 모차렐라치즈, 올리브유, 바질이 주재료다. 치즈 대신 두부에 허브를 다져 넣고 수분을 짠 후 토마토와 함께 두부 카프레제를 만들었다. 조리법이 단순해 제대로 된 맛을 내려면 재료의 질이 매우 중요하다.

토마토두유볶음

기본재료 | 방울토마토 20알, 생콩가루 1컵, 두유 2컵, 셀러리 1줄, 상추 1줌
양념 | 간장 1큰술, 올리브유 3큰술, 후추

만들기

1 방울토마토는 반으로 썬다.

2 생콩가루에 두유를 넣고 고루 섞은 후 간장을 넣는다.

3 셀러리는 곱게 채썰고 상추는 작게 썬다.

4 팬에 기름을 두르고 센 불에서 토마토, 셀러리, 상추를 빠르게 볶는다.

5 토마토가 투명해지면 반죽해둔 콩물을 붓고 젓지 말고 서서히 익힌다.

6 콩물이 익어 단단해지면 두세 번 섞어준 후 후추를 뿌려 마무리한다.

> * 생콩가루는 마트에서 쉽게 구입할 수 있다.
> 채소와 버무려서 찜을 하거나 콩비지찌개, 콩국수 등에 사용할 수 있다.
> 콩 가공식품은 원산지가 불분명하고 GMO의 우려도 있으므로 국산을 사용한다.

토마토를 오일에 볶다가 콩가루와 두유를 넣고 스크램블을 만들었다. 셀러리나 상추 등 집에 있는 채소들도 썰어서 함께 넣고 볶으면 맛이 부드러워 한끼 식사로 좋다. 콩가루 대신 메밀가루를 써도 된다. 요즘은 밀가루뿐 아니라 여러 가지 곡식가루를 쉽게 살 수 있어 다양하게 응용할 수 있다.

토마토맑은장국

기본재료 | 중간크기 토마토 4개, 애호박 1/4토막, 호박잎 5장, 맛물 6컵
양념 | 매운 고추 1개, 쪽파 1줄, 된장 1큰술, 간장

만들기

1 토마토는 한 입 크기로 큼직하게 썰고, 호박은 사방 1cm 크기로 썬다.

2 호박잎은 으깨듯 주물러서 부드럽게 한 후 즙은 버린다.

3 매운 고추, 파는 곱게 썬다.

4 맛물에 호박잎을 넣고 끓인다.

5 맛물이 끓으면 토마토와 호박을 넣고 된장을 푼다.

6 토마토가 부드럽게 익으면 간장으로 간을 맞추고, 고추와 파를 넣고 불을 끈다.

  * 호박잎 대신 아욱, 시금치, 고구마잎 등도 가능하다.

토마토를 큼직하게 썰어 넣은 된장국은 맛이 구수하고 시원하다. 열을 가하면 토마토 특유의 향과 신맛은 사라지고 부드러운 단맛이 난다. 토마토와 된장의 만남은 한국적인 맛과 이국적인 맛의 경계에 있다.

토마토순두부덮밥

기본재료 | 밥 2인분, 농익은 토마토 4개, 순두부 1봉지, 양파 1/2개, 삶은 옥수수알 2큰술, 오크라 2개
양념 | 매운 고추 2개, 마늘 3쪽, 간장 2큰술, 감자전분 2작은술, 현미유, 소금, 후추

만들기

1 농익은 토마토를 큼직하게 썬다.

2 양파는 깍둑썰기하고 마늘은 편으로 썬다.

3 오크라는 편으로 썰고, 매운 고추는 곱게 다진다.

4 감자전분에 물을 넣어 풀어둔다.

5 깊은 팬에 현미유를 두르고 마늘, 양파를 넣고 노릇하게 볶는다.

6 볶은 재료에 토마토, 옥수수, 오크라를 넣고 토마토가 흐물흐물해질 때까지 끓인다.

7 6에 순두부와 감자전분, 나머지 양념을 넣고 가볍게 끓인 후 밥에 올린다.

토마토를 넣은 순두부덮밥은 달콤하고 부드럽다. 마치 순한 맛의 중국식 마파두부를 먹는 느낌이다. 밥 없이 토마토와 함께 끓인 순두부만으로도 일품요리가 된다. 부추나 파, 시금치 등을 넣어도 잘 어울린다.

토마토마리네이드

기본재료 | 방울토마토 500g, 자색양파 1/4개, 셀러리 1줄, 바질 1줌
양념 | 올리브유 2큰술, 레몬청 2큰술, 토마토식초 2작은술, 소금 2작은술

만들기

1 토마토는 껍질에 작은 칼집을 내고 끓는 물에서 약 10초간 데친 후
   얼음물에 담갔다 건져 껍질을 벗긴다.

2 양파와 셀러리, 바질을 곱게 썬다.

3 그릇에 토마토와 썰어놓은 재료를 담고 준비한 양념을 넣어 버무린다.

4 병에 담아 하루 정도 냉장고에서 숙성한 후 먹는다.

   * 노랑, 초록, 주황색 등 여러 색깔의 방울토마토를 섞어서 담는 것도 추천한다.
    큰 토마토도 같은 방법으로 만들어 접시에 한 알씩 담아내면 멋진 디저트가 된다.

토마토마리네이드는 들어간 재료비와 만드는 수고로움에 비해 만족도가 훨씬 높은 음식이다. 맛은 물론 쓰임새, 식욕을 돋우는 색깔까지 모든 것이 만족스럽다. 수시로 조금씩 만들어 냉장 보관해두고 디저트, 샌드위치, 샐러드, 파스타 등에 활용한다. 특히 토마토마리네이드를 듬뿍 넣고 만든 냉파스타는 한여름의 별미다.

말린토마토올리브유절임

기본재료 | 농익은 방울토마토 3kg, 올리브유 1000ml
양념 | 소금 1큰술, 깐 마늘 2통, 말린 홍고추 5개, 후추 30알, 월계수잎 12장, 말린 표고버섯 6개

만들기

1 방울토마토를 반으로 가르고 소금을 뿌려 버무린다.
2 자른 면을 위로 하고 건조기에 고루 편다.
3 65도에서 12시간 이상 말린다.
4 병에 마늘, 로즈메리, 홍고추, 말린 표고버섯을 넣고 말린 토마토를 꼭꼭 눌러 담는다.
5 재료가 잠길 정도로 올리브유를 붓는다.
6 토마토가 부드러워지고 재료의 맛이 오일에 우러나도록 10일 이상 숙성한 뒤 사용한다.
   * 오일에 절인 마늘과 표고버섯도 다져서 양념처럼 사용하면 음식 맛이 더욱 풍성하다.

말린토마토오일파스타

기본재료 | 스파게티 2인분, 토마토오일절임(오일 6큰술, 토마토 20알), 느타리버섯 2줌
양념 | 올리브유 3큰술, 마늘 6쪽, 말린 홍고추 1개, 간장 2작은술,
생로즈메리 1줄기, 생타임 조금, 소금, 후추

만들기

1 느타리버섯은 가늘게 찢어 팬에 덖어 수분을 날린다.
2 마늘은 편으로 썰고 홍고추는 손으로 부셔놓는다.
3 마늘과 토마토 절인 오일 6큰술을 팬에 넣고 약불에서 끓인다.
4 마늘이 갈색으로 변하면 느타리버섯, 면수, 올리브유, 로즈메리, 절인 토마토,
   간장, 홍고추를 넣고 재료의 맛이 서로 섞이도록 좀 더 끓인다.
5 끓는 물에 소금을 넣고 파스타 면을 약 12분간 삶는다.
6 팬에 면을 넣고 나머지 올리브유, 면수를 넣어 농도와 간을 맞춘다.
7 면을 그릇에 담고 생타임과 후추를 뿌린다.

토마토가 제철일 때 태양 볕에 농익은 토마토를 넉넉히 구입해 서너 번에 걸쳐 말리는 작업을 한다. 냉동실에 보관하기도 하고 올리브유에 절여두면 쓰임새가 다양하다. 파스타, 샐러드, 샌드위치, 감바스 등의 음식에 두루 활용할 수 있다. 고추장에 무치면 매콤하면서 새콤달콤한 밑반찬이 된다. 젤리처럼 쫄깃해서 씹는 맛도 있다.

말린토마토올리브유절임만 있으면 되는 간단한 파스타 한 그릇이다. 토마토와 마늘 향이 우러난 오일과 오일이 스며든 토마토로 풍부한 맛을 낸다. 간장과 면수로 감칠맛을 낸다.

여름 호박

호박은 여름부터 가을까지가 제철이다. 칼로리는 낮고 섬유질과 비타민이 풍부해 식용과 약용으로 두루 쓰인다. 특히 초여름에 갓 따온 호박은 손톱에 살짝만 긁혀도 상처가 날 정도로 여리다. 호박 없는 된장찌개는 상상할 수도 없고, 호박전, 호박볶음은 콩나물무침만큼이나 익숙하다. 호박잎, 호박꽃도 덤으로 얻을 수 있는 좋은 재료다.

애호박만두

기본재료 | 애호박 1개, 부추 2줌, 표고버섯 6개, 만두피
양념 | 간장, 들기름, 실고추, 소금, 후추

만들기

1 애호박은 곱게 채썰어 소금에 절인다.

2 소금에 절인 호박의 숨이 죽으면 마른행주에 넣고 수분을 꼭 짠다.

3 부추는 약 1cm 길이로 썬다.

4 표고버섯은 채썰거나 다져서 팬에 덖으며 수분을 날린다.

5 준비한 속 재료를 그릇에 담아 실고추, 후추, 간장, 들기름으로 버무린다.

6 만두피에 속 재료를 넣고 빚은 후 찜통에 찐다.

   * 무더운 여름에는 최대한 쉽고 간편하게 조리한다.
   밀가루 반죽을 해서 만두피를 만들어 빚으면 더욱 좋겠지만
   시중에 나와 있는 만두피를 구입해 만드는 것도 추천한다.

애호박을 썰면 송글송글 물방울이 맺히면서 달달한 향기가 난다. 호박을 곱게 채썰어 부추와 버섯을 넣고 들기름에 조물조물 버무려 만두를 빚는다. 배추가 나오는 철에는 배추를 넣고 같은 방법으로 만두를 빚어 찜통에 찌거나 물만두를 만들어 담백한 맛을 즐긴다.

호박잎전

기본재료 | 중간크기 호박잎 20장, 밀가루 1컵, 물 1컵
양념 | 간장 1큰술, 현미유

만들기

1 밀가루와 물을 1:1 비율로 넣고 간장으로 간을 한 후 골고루 섞는다.

2 큰 쟁반에 호박잎을 두 장씩 겹쳐서 펴놓고 마른 밀가루를 앞뒤로 솔솔 뿌린다.

3 팬을 가열 후 기름을 두르고 호박잎을 밀가루 반죽에 적신 후 노릇하게 부친다.

연한 초록색 어린 호박잎을 두 장씩 겹쳐 앞뒤로 뒤집어가며 노릇노릇하게 부친다. 속은 촉촉하고 겉은 바삭하며, 보는 것만으로도 군침이 돈다. 맛이 부드럽고, 풋풋한 호박 향이 난다. 애호박도 함께 부쳐 곁들였다. 여름철 별미다.

호박잎쌈밥

기본재료 | 어린 호박잎 20장, 밥 2공기
양념 | 쌈장(된장 1큰술, 다진 마늘 1/2큰술, 다진 표고버섯 3개, 다진 매운 고추 1개,
현미유 1큰술, 물 2큰술, 들기름 1큰술)

만들기

1 불에 찜통을 올리고 물이 끓으면 호박잎을 넣어 약 10분간 찐 후 식힌다.

2 작은 냄비에 쌈장 재료를 넣고 섞은 후 중불에서 끓인다.

3 수분이 줄어들면 들기름을 넣고 마무리한다.

4 호박잎은 거친 뒷면을 위로 해서 3~4장씩 겹쳐 놓고 밥과 쌈장을 올려
김밥 말듯이 만다.

5 한 입 크기로 썰어 그릇에 담는다.

＊ 쌈장은 여유 있게 만들어 두고 밥에 비벼 먹거나 뜨거운 물을 부어
맑은장국으로 활용한다.

찜통 뚜껑이 닫히지 않을 정도로 호박
잎을 한가득 찐 것 같은데도 막상 다 익
고 나면 한 접시밖에 안 된다. 호박잎을
서너 장씩 겹쳐서 밥과 쌈장을 올려 쌈
밥을 만들었다. 호박잎은 충분히 쪄야
한다. 그래야 서걱거리지 않고 씹는 맛
이 부드럽다.

애호박순두부찌개

기본재료 | 애호박 1/2개, 순두부 1봉지, 맛물 2컵
양념 | 매운 고추 1개, 부추 조금, 간장 1큰술, 소금, 후추

만들기

1 애호박은 사방 2cm 크기로 썬다.

2 매운 고추는 가늘게 송송 썰고 부추는 3cm 길이로 썬다.

3 냄비에 맛물을 넣고 끓인다.

4 맛물이 끓으면 호박, 고추, 간장, 소금을 넣는다.

5 호박이 익으면 순두부, 부추를 넣고 한소끔 끓인 뒤 후추를 뿌린다.

맛물에 애호박을 숭덩숭덩 썰어 넣은 순두부찌개다. 풋풋한 애호박 맛, 부드러운 순두부 맛을 모두 누릴 수 있는 맑은 찌개다. 간장과 고춧가루를 넣은 양념장을 만들어 매콤한 맛을 즐기기도 한다.

단호박토마토찜

기본재료 | 단호박 중간크기 1개, 농익은 방울토마토 15알, 양송이버섯 4개
양념 | 바질 3~4장, 올리브유 2큰술, 조청 1/2큰술, 소금, 후추

만들기

1 단호박은 윗부분을 잘라 속을 파낸다.

2 호박 안이 꽉 차도록 방울토마토, 양송이버섯, 올리브유, 후추, 조청을 넣는다.

3 바질은 손으로 찢어 넣고 호박 뚜껑을 닫는다.

4 250도 오븐에서 약 20분간 굽는다.

호박 속을 파낸 후 농익은 토마토를 채워 넣고 오븐에 구웠다. 부드럽게 익은 단호박 속살과 토마토를 호호 불며 떠 먹고 나니 속이 든든하다. 호박은 주로 고구마처럼 쪄서 먹거나 갈아서 수프를 만들기도 하고, 찹쌀로 속을 채워 영양밥을 만들기도 한다.

열무·얼갈이배추

열무는 식이섬유, 비타민, 사포닌 등을 함유하고 있어 면역력 강화에 도움이 된다. 성질이 서늘하고 외부 바이러스에 대한 저항력이 높아 세균 활동이 활발한 여름철에 꼭 챙겨 먹어야 하는 대표적인 채소다. 얼갈이배추 역시 수분이 많고 식이섬유가 풍부하다. 단맛이 있어서 생것, 익힌 것 모두 맛있다. 어린잎을 데쳐 된장에 무치거나 쌈채소로도 먹는다.

얼갈이배추된장죽

기본재료 | 얼갈이배추 2포기, 중간크기 단호박 1/4쪽, 오분도미 1인분, 맛물 10컵
양념 | 된장 2큰술, 참기름 1큰술

만들기

1 쌀은 씻어서 약 1시간 정도 물에 불린다.

2 얼갈이배추는 다듬어 한 입 길이로 썬다.

3 단호박은 1cm 크기로 깍둑썰기한다.

4 냄비에 불린 쌀과 참기름을 넣고 볶는다.

5 쌀에 기름이 흡수된 듯하면 준비한 맛물의 2/3분량을 넣고 끓인다.

6 쌀이 퍼지고 걸쭉해지면 얼갈이배추, 단호박, 된장을 넣고 끓인다.

7 약불에서 뜸 들이듯 끓이면서 나머지 맛물을 부어가며 농도를 맞춘다.

어린 얼갈이배추를 데쳐서 숭숭 썰어 넣고 단호박과 함께 죽을 끓였다. 맛이 심심할 수도 있는 배추죽에 된장을 조금 풀어 감칠맛을 더했다. 배추와 된장이 들어간 죽은 익숙한 맛 때문인지 언제 먹어도 몸과 마음이 편안하다.

열무얼갈이구이

기본재료 | 열무 한 줌, 얼갈이배추 2포기
양념 | 양념장(간장 1큰술, 고춧가루 1큰술, 물 2큰술, 원당 1큰술, 식초 1큰술)
현미유 1큰술, 들기름 1큰술

만들기

1 간장, 고춧가루, 원당, 식초, 물을 섞어 양념장을 만든다.

2 열무는 뿌리째 사용하고 얼갈이배추는 반으로 가른다.

3 팬에 현미유를 두르고 열무와 얼갈이배추를 굽는다.

4 채소의 색이 투명해지면 들기름과 양념장을 뿌리며 앞뒤로 뒤집는다.

5 양념장이 졸여지는 느낌이 들 때 불을 끈다.

　＊ 열무가 생채소의 느낌이 날 정도로 살짝만 굽는 것이 중요하다.
　　 너무 익히면 질겨지고 자칫 우거지 맛이 난다.

열무와 얼갈이배추를 팬에 구웠다. 숨이 살아 있을 정도로 앞뒤 가볍게 굽는다. 단맛과 신맛을 더한 간장양념을 뿌리고 팬에 잠시 졸여 불맛을 낸다. 살짝 식혀 한 입 먹으니 뜨거운 채소즙이 입 안 가득이다.

배추꼭지볶음

기본재료 | 배추 꼭지 2줌, 얼갈이배추 꼭지 2줌, 청경채 꼭지 1줌
양념 | 올리브유 1큰술, 소금, 후추, 실고추

만들기

1 배추 꼭지는 약 1cm 두께로 썬다.

2 팬에 올리브유를 두르고 재료를 넣고 볶는다.

3 채소 색이 투명해지면 불을 끄고 소금, 후추, 실고추를 뿌린다.

배추, 얼갈이배추, 청경채 등을 다듬고 남은 꼭지가 장미꽃처럼 예쁘다. 흙이 남지 않도록 깨끗이 씻은 후 팬에 올리브유를 두르고 살짝 볶았다. 꼭지 부분이라 섬유질이 풍부해 씹는 식감도 좋고 맛 또한 담백하다. 자투리 채소를 활용할 수 있는 뜻밖의 발견이다.

여주·박

한여름 주렁주렁 열리는 넝쿨식물인 여주는 생김새가 울퉁불퉁해 도깨비방망이 같다. 쓴 맛이 강한 여주는 약용과 관상용으로 더 알려져 있다. 천연 인슐린 성분이 많고 비타민C가 풍부하다. 박은 지붕을 덮을 만큼 넝쿨이 무성하게 자란다. 속살이 새하얗고 부드러우며, 섬유질이 많고 식물성 칼슘이 풍부하다. 박은 재료 본연의 '무취, 무미'의 맛을 살리는 것이 최상의 요리라고 할 만큼 맛이 담백하다.

여주피클

기본재료 | 생여주 1kg, 식초 250ml, 황설탕 200g, 물 500ml
양념 | 소금 2큰술, 월계수잎 5장, 마른 홍고추 2개

만들기

1 여주는 씻어서 3mm 두께로 썰어 속을 판다.

2 여주를 끓는 물에 살짝 데친 후 찬물에 담갔다가 물기를 뺀다.

3 냄비에 물, 식초, 설탕, 소금을 넣고 끓인다.

4 소독한 병에 여주, 월계수잎, 홍고추를 넣는다.

5 피클 물을 한 김 식힌 후 병에 붓고 1~2일 정도 실온에서
숙성시켜 냉장 보관한다.

여주의 쓴맛도 줄이고 좀 더 쉽게 먹을 수 있도록 피클을 만들었다. 저장해두고 다양한 요리에 활용한다. 흔히 보는 여주는 개량종으로 생김새는 오이 같고 길이가 길다. 토종 여주는 고구마처럼 생겼고 길이가 짧다. 농익은 여주는 색이 주황색이며 씨앗을 감싸고 있는 속살도 선홍색이다.

여주볶음덮밥

기본재료 | 밥 2공기, 여주피클 1컵, 어린 새송이버섯 2줌, 배추속잎 2장, 단호박 1/3개, 그린빈스 2줄
양념 | 간장양념(간장 2큰술, 물 2큰술, 식초 1큰술, 원당 1큰술),
쪽파 2줄, 고춧가루 1큰술, 현미유

만들기

1 배추, 단호박은 한 입 크기로 썰고 파는 3cm 길이로 썬다.

2 팬에 기름을 두르고 파를 넣어 파기름을 낸다.

3 2에 단호박을 넣고 볶다가 여주피클, 버섯, 배추, 그린빈스를 넣어 가볍게 볶는다.

4 간장양념, 고춧가루를 넣고 삼짝 볶아 마무리한다.

＊ 여주피클은 샐러드에 넣어도 좋고 다양한 채소와 함께 무쳐도 맛있다.

새콤한 여주피클에 채소를 넣고 함께 볶아 밥 위에 올렸다. 간장에 식초를 넣으면 낯설지 않은 동남아 음식 맛에 가깝다. 여주의 쓴맛은 드러나지 않고 새콤달콤하고 아삭하다. 한 그릇에 다양한 채소를 올리는 덮밥은 반찬을 따로 준비하지 않아도 그 자체로 충분하다.

여주메밀오믈렛

기본재료 | 생여주 1개, 부추 2줌, 메밀가루 1컵, 두유 2컵
양념 | 매운 고추 1개, 간장 1큰술, 올리브유

만들기

1 여주는 반으로 가르고 속을 파낸 후 반달 모양으로 얇게 썬다.

2 1을 소금에 약 10분간 절인 후 찬물을 부어 한두 시간 정도 쓴맛을 우린다.

3 부추는 3cm 길이로 자르고 고추는 다진다.

4 그릇에 메밀가루와 두유, 간장을 넣고 고루 섞어 메밀 반죽을 만든다.

5 팬에 기름을 두르고 여주를 볶다가 부추, 고추를 넣는다.

6 볶은 재료를 팬 한쪽으로 밀어놓고 메밀 반죽을 서서히 부으며 약불에서 익힌다.

7 반죽이 다 익을 즈음 위에 볶은 재료를 올려 반으로 접고 앞뒤로 익힌다.

생여주의 쓴맛을 우려낸 후 부추를 듬뿍 넣고 오믈렛을 만들었다. 메밀가루에 달걀 대신 두유를 섞어 만들었더니 부드러운 한 끼 식사가 되었다. 토마토나 양파, 시금치, 파프리카 등 원하는 재료를 얼마든지 다양하게 넣고 만들 수 있다.

박나물찜

기본재료 | 박 1/4통, 물 1컵
양념 | 들기름 2큰술, 홍고추1개, 소금 1큰술

만들기

1 박을 큼직하게 4~5 등분으로 잘라서 5mm 두께로 썬다.

2 냄비에 박을 켜켜이 담은 후 물, 들기름, 소금을 넣고 중불에서 끓인다.

3 박이 투명해지면 홍고추를 넣고 불을 끈다.

  * 어린 박은 겉껍질도 부드러워 껍질을 벗기지 않아도 된다.

박을 썰어서 소금과 들기름만 넣고 찜을 했다. 조리법이 간단하고, 맛은 부드럽고 은은하다. 박은 먹을 수 있는 시기가 매우 짧은데 시기를 놓치면 껍질이 급속도로 단단해지고 속살은 수분이 마르며 스펀지처럼 된다. 시원하고 담백한 박의 맛을 많은 사람들이 경험해 보면 좋겠다.

박껍질들깨밥

기본재료 | 쌀 2인분, 박껍질 1/4통, 들깨 1큰술
양념 | 현미유 1/2큰술, 소금 2작은술

만들기

1 쌀을 씻어 밥물을 붓는다.

2 박 껍질을 곱게 채썬다.

3 쌀에 박 껍질, 들깨, 현미유, 소금을 넣어 밥을 한다.

    ＊ 연한 박껍질은 채썰어서 나물볶음을 하거나 뭇국 끓이듯 끓여도 좋다.

박 요리를 하고 벗겨낸 껍질을 버리지
않고 채썰어 소금과 들깨를 넣고 밥을
지었다. 현미유도 조금 넣었더니 입안
에 부드러움이 감돈다. 자극적인 양념
과 만나면 박의 부드럽고 섬세한 맛을
느낄 수 없어 양념간장은 생략했다.

박속감자옹심이

기본재료 | 박 300g, 감자옹심이 2인분, 맛물 6컵
양념 | 간장 1큰술, 들깻가루 2큰술, 매운 고추 1개, 소금

만들기

1 박은 윗부분을 자르거나 반으로 갈라 계량스푼을 이용해 동그랗게 떠낸다.
2 맛물이 끓으면 옹심이와 박을 넣는다.
3 옹심이가 중간 정도 익으면 간장, 소금, 들깻가루, 고추를 넣고 끓인다.
4 옹심이가 투명해지며 물 위로 떠오르면 불을 끈다.

옹심이 만들기

1 감자를 강판에 갈아 즙을 짜서 30분 정도 두면 전분이 가라앉는다.
2 가라앉은 전분과 갈아놓은 감자, 소금을 넣고 반죽해 경단 모양으로 빚는다.

박의 하얀 속살을 스푼으로 떠서 감자 옹심이와 들깻가루를 듬뿍 넣고 함께 끓였다. 한여름 '이열치열' 보양식이다. 감자를 블렌더에 갈지 않고 강판에 직접 갈아 옹심이를 빚으면 시중에서 파는 옹심이와는 맛 차이가 많이 난다.

감자를 강판에 갈아 만든 옹심이는 입자가 살아 있어 씹는 맛이 있다. 끓는 물에 가볍게 삶아 전분 성분을 살짝 빼낸 후 다시 맛물에 넣고 끓이면 맛이 한결 깔끔하다.

부추

부추는 봄부터 여름, 가을까지 계속 잘라서 먹을 수 있을 만큼 성장이 빠르다. 이른 봄, 오일장이나 재래시장에 가면 부추 앞에 '첫 부추'라고 쓰여 있는 것을 종종 본다. 겨울을 나며 땅의 기운을 온전히 품고 나온 첫 부추는 인삼, 녹용과도 바꾸지 않는다고 할 만큼 영양가가 높다. 성질이 따뜻하고 열량이 높아 원기 회복에 도움을 주는 대표적인 식재료다.

부추채소찜

기본재료 | 부추 4줌, 배춧잎 2장, 양배추 2장, 연근 1/3개, 당근 1/2개, 감자 1개, 고구마 1개,
애호박 1/2개, 오이 1/2개

양념 | 소스(간장 2큰술, 맛물 2큰술, 식초 1큰술, 조청 1큰술, 후추), 다시마 1조각

만들기

1 부추는 5~6cm 길이로 썰고, 나머지 재료는 한 입 크기로 썬다.
2 부추를 제외한 재료를 찜기에 가지런히 담고 가운데 공간은 비워놓는다.
3 찜통에 물과 다시마를 넣고 끓인 후 준비한 찜기를 올려 채소를 찐다.
4 채소들이 어느 정도 익으면 가운데 비워놓은 곳에 부추를 수북이 올리고 뚜껑을 덮고 불을 끈다.
5 소스와 함께 낸다.

제철에 나오는 채소들을 골고루 쪄서 소스에 찍어 먹는다. 배추나 연근, 고구마도 좋고 부추가 한창이니 부추도 듬뿍 넣는다. 찐 채소의 단맛이 입안 가득 퍼진다. 채소를 먹고 난 후 채수에 물과 양념을 더해 칼국수나 죽을 끓여 먹기도 한다.

부추장떡

기본재료 | 부추 4줌, 방아잎 2줌, 밀가루 2컵, 물 2컵
양념 | 고추장 1큰술, 된장 1/2큰술, 매운 고추 2개, 현미유

만들기

1 부추는 2~3cm 길이로 썬다.

2 방아잎은 송송 썰고 고추는 곱게 다진다.

3 밀가루와 물을 섞어 반죽하고, 고추장과 된장을 섞으며 농도를 조절한다.

4 반죽에 준비한 부추, 방아잎, 매운 고추를 골고루 섞어 부친다.

> * 방아(배초향)의 생김새는 작은 깻잎 같다. 향이 강하고 뒷맛이 기름지며 매우 달다.
> 우리나라 토종 허브로 살균효과가 뛰어나다.

고추장과 된장을 풀어 넣고 부추장떡을 만들었다. 여름에 한창인 토종 허브 방아잎도 송송 썰어 넣었다. 조금은 낯선 부추장떡 맛이다. 방아잎이 없다면 깻잎이나 참나물, 고수, 자소엽 등 향이 강한 다른 채소를 넣어도 괜찮다.

부추두부카나페

기본재료 | 부추 2줌, 양파 1/3개, 오이 1/3개, 사과 2개, 두부 1모

양념 | 겨자소스(연겨자 1큰술, 원당 2큰술, 소금 1/2큰술, 식초 2큰술, 레몬즙 1/2큰술),
현미유, 소금

만들기

1 부추는 4~5cm 길이로 썰고 양파, 오이는 곱게 채썬다.

2 채썬 양파는 찬물에 담가 매운맛을 가볍게 뺀 후 채반에 건져놓는다.

3 두부는 한 입 크기로 썰어 소금을 뿌린 후 팬에 기름을 두르고 노릇하게 굽는다.

4 사과도 동글납작하게 썰어 소금, 후추를 뿌린 후 기름 두른 팬에 굽는다.

5 큰 그릇에 부추, 양파, 오이를 담고 겨자소스를 넣어 버무린다.

6 접시에 두부와 사과를 올리고, 가운데에 버무린 부추를 담는다.

두부와 사과를 노릇하게 굽고 부추를
겨자소스로 버무린 부추두부카나페다.
매운맛, 고소한 맛, 불에 구운 사과의
단맛이 조화롭다. 부추에 양파와 오이
대신 볶은 버섯을 넣어 버무리면 맛이
좀 더 묵직해진다.

부추국밥

기본재료 | 밥 2인분, 부추 4줌, 대파 2줄, 표고버섯 5개, 얼갈이배추 2줌, 양파 1/2개, 맛물 7컵
양념 | 간장 3큰술, 된장 1큰술, 고춧가루 1큰술, 고추기름 1큰술

만들기

1 부추는 6~7cm 길이로 썰고, 얼갈이배추도 같은 길이로 썬다.

2 대파, 표고버섯, 양파는 채썬다.

3 팬에 표고버섯을 넣고 덖어가며 수분을 날려준다.

4 냄비에 준비해둔 맛물, 된장, 고춧가루를 넣고 끓인다.

5 맛물이 끓으면 배추, 대파, 표고버섯, 양파를 넣고 간장으로 간을 맞춘다.

6 채소 맛이 우러나고 푹 익으면 마지막에 부추와 고추기름을 넣고 불을 끈다.

7 그릇에 밥과 국을 담는다.

기름기가 전혀 없는 시원하고 깔끔한 국밥이다. 특히 장마철에 습도가 높거나 몸이 개운하지 않을 때면 부추국밥으로 불편함을 해소한다. 양파와 얼갈이배추, 파를 함께 넣어 부드러운 감칠맛을 낸다.

부추밀쌈

기본재료 │ 솔부추 100g, 파프리카 1개, 사과 1/4개, 새송이버섯 1개, 견과류 2큰술, 우리밀 1컵, 물 1컵
양념 │ 소스(연겨자 2작은술, 원당 2작은술, 소금 1/2작은술, 식초 2작은술), 소금, 현미유

만들기

1 부추는 5~6cm 길이로 썰고 사과, 파프리카, 버섯은 같은 길이로 곱게 채썬다.

2 새송이버섯, 견과류는 약불에서 가볍게 덖는다.

3 소스를 만들어 채소, 과일, 견과류를 넣고 버무린다.

4 밀가루, 물, 소금을 넣고 전병용 반죽을 한다.

5 팬을 약불에서 가열한 후 기름을 조금 넣고 전병을 한 입 크기로 부친다.

6 큰 접시에 전병과 버무린 채소를 담는다.

부추와 채소, 견과류에 매콤한 겨자소스를 넣고 버무려 얇게 부친 밀전병에 싸먹는다. 부추의 알싸한 매운맛이 밀전병과 만나 부드럽고 상큼하다. 밀전병 대신 초절임한 무에 싸먹기도 한다.

여름김치

열무김치, 오이김치, 깻잎김치 등 종류별로 김치를 조금씩 담근다. 여름 장마로 농작물 피해가 심하거나 장마 뒤 무더위로 인해 채소가 녹고 병충해가 기승을 부리면 채소 가격은 어김없이 금값이 된다. 장마가 시작되기 전에 김치를 종류별로 조금씩 담가두면 신선한 채소에 대한 갈증도 해소되고 가격 부담도 덜 수 있다.

맛김치

기본재료 | 배추 1통, 무 1토막
양념 | 양파 1개, 고춧가루 4큰술, 생홍고추 5개, 홍파프리카 1개, 생강 1쪽, 마늘 1통, 쪽파 2줌,
굵은소금 1컵, 간장 5큰술, 소금

만들기

1 배추 1통을 한 입 크기로 썰어 굵은소금을 넣고 약 2시간 정도 절인다.

2 배추가 다 절여지면 헹궈서 물기를 뺀다.

3 무와 양파는 채썰고, 생강과 마늘은 다지고, 쪽파는 3~4cm 길이로 썬다.

4 홍고추, 파프리카는 믹서기로 곱게 간다.

5 배추와 무에 고춧가루를 넣고 버무린 후 간장과 나머지 양념을 넣고 고루 버무린다.

6 마무리 간은 소금으로 맞춘다.

  * 채식 김치에서 간장은 매우 중요한 양념이다.
    젓갈 대신 사용하는 간장은 김치의 발효를 돕고 감칠맛을 낸다.

여름에 담는 배추김치는 익혀서 오래
저장하고 먹는 음식이 아니므로 포기
보다는 한 입 크기로 썰어 담근다. 채식
김치는 젓갈을 사용하지 않고 양념도
순하게 하는 편이라 단맛이나 감칠맛
을 내는 파프리카나 과일 등을 넣으면
시원하고 상큼하다.

열무얼갈이김치

기본재료 | 얼갈이배추 1단, 열무 1단
양념 | 보리밥 5큰술, 쪽파 2줌, 생강 1쪽, 마늘 4쪽, 생홍고추 10개, 양파 1개,
간장 3큰술, 소금 2큰술, 매실청 4큰술

만들기

1 열무, 얼갈이배추는 2~3등분으로 자르고 물로 깨끗이 씻는다.

2 물기를 빼고 소금을 뿌려 약 30분간 절인다.

3 양파는 곱게 채썰고 쪽파는 2~3cm 길이로 썬다.

4 홍고추, 마늘을 분쇄기에 넣고 간다.

5 생강은 씹히지 않도록 최대한 곱게 다지거나 즙을 낸다.

6 그릇에 보리밥을 넣고 손으로 짓이긴 후 갈아놓은 고추와 마늘, 생강, 양파,
파, 간장, 매실청을 넣고 양념을 만든다.

7 절인 열무와 얼갈이배추에 양념을 넣고 가볍게 버무려 김치 통에 담아
하루 정도 숙성 후 냉장 보관한다.

열무와 얼갈이배추는 절이고 씻는 과정에서 풋내가 날 수 있으므로 절인 후 바로 김치를 담근다. 김치에 풀을 넣는 대신 보리밥을 지어 넣었다. 보리쌀이 알알이 보이는 것이 식욕을 자극할 뿐 아니라 맛도 구수하고 시원하다. 열무와 얼갈이는 수분이 많고 맛이 시원해 여름을 대표하는 김치다. 비빔밥, 비빔국수, 김치 물냉면 등 다른 음식에 활용할 수 있어 좋다.

가지김치

기본재료 | 가지 8개, 양파 1개, 당근 1/2개, 부추 2줌, 쪽파 1줌
양념 | 밀가루풀 1/2컵, 생홍고추 5개, 고춧가루 3큰술, 간장 3큰술, 매실청 2큰술,
다진 마늘 2큰술, 생강, 소금

만들기

1 가지를 3등분한 후 다시 세로로 4등분하고, 소금 1/2큰술을 넣어 살짝 절인다.

2 양파와 당근은 곱게 채썰고, 부추와 쪽파는 3~4cm 길이로 썬다.

3 홍고추는 동글납작하게 썬다.

4 그릇에 밀가루풀, 고춧가루 등 양념과 썰어놓은 재료를 넣고 양념장을 만든다.

5 4에 가지를 넣고 버무린다.

＊ 밀가루풀 쑤기_밀가루 1큰술, 물 1컵을 넣고 고루 저은 후 약불에서 끓인다.
밀가루풀이 투명해지면 불을 끄고 식혀 사용한다.

가지를 잘라서 양념에 버무려 김치를
한다. 원래는 오이소박이 하듯 가지도
칼집을 내어 속을 채워 넣는데 한 입에
먹을 수 있도록 잘라서 담아보았다. 양
념과 어우러져 잘 익은 가지김치는 톡
쏘는 맛과 함께 식감이 쫄깃하다.

깻잎김치

기본재료 | 깻잎 100장, 쪽파 2줌, 양파 1개, 당근 1개, 생홍고추 5개, 청양고추 2개
양념 | 고춧가루 5큰술, 간장 6큰술, 매실청 4큰술, 물 1/2컵, 다진 마늘 2큰술,
다진 생강 1작은술

만들기

1 씻어놓은 깻잎은 채반에 담아 물기를 뺀다.
2 쪽파는 1cm 길이로 썰고, 양파와 당근은 곱게 채썬다.
3 홍고추는 동글납작하게 썰고, 청양고추는 다진다.
4 그릇에 준비한 재료를 모두 넣고 양념장을 만든다.
5 깻잎을 3~4장씩 겹쳐놓고 위에 양념장을 바르며 차곡차곡 담는다.
6 실온에서 한두 시간 두었다가 냉장 보관한다.

깻잎은 여름철 가장 흔한 채소 중 하나
다. 깻잎김치는 익을 때까지 기다렸다
가 먹기보다는 만들면서 바로 먹기 시
작해 다 익을 때까지 먹을 수 있어 좋
다. 심심하게 양념을 해서 2~3장씩 밥
위에 얹어 먹으면 깻잎 특유의 진한 향
이 전해지는 여름 별미 김치다.

고춧잎김치

기본재료 | 고춧잎 500g, 당근 1개
양념 | 간장 1/2컵, 생강 1쪽, 마늘 1통, 쪽파 1줌, 생홍고추 5개, 고춧가루 1컵,
조청 1큰술, 매실청 2큰술, 밀가루풀 1/2컵

만들기

1 고춧잎은 끓는 물에 5~10초 정도 숨만 죽을 정도로 담갔다가 빠르게 건져낸다.
2 데친 고춧잎은 찬물에 헹군 후 가볍게 물기를 뺀다.
3 쪽파는 2cm 길이로 썰고, 당근은 곱게 채썬다.
4 생강과 마늘은 다지고, 홍고추는 동글납작하게 썬다.
5 그릇에 양념 재료를 모두 넣고 양념장을 만든 후 고춧잎, 당근을 넣고 버무린다.

여름 별미로 고춧잎김치를 담근다. 가을에 나는 고들빼기김치처럼 양념을 진하게 한다. 매콤달콤, 짭짤하다. 익혀서 먹기도 하지만 2~3일 정도 숙성시켜 바로 먹는 것이 더 맛있다. 고춧잎은 삶아서 무치기도 하고 말려서 장아찌나 부각을 해먹기도 한다.

콩잎물김치

기본재료 | 햇콩잎 500g, 밀가루풀 1컵, 맛물 1.5리터, 절임용 소금물(소금 1컵, 물 2리터)
양념 | 간장 3큰술, 소금 3큰술, 매실청 1/3컵, 마늘 1통, 매운 고추 3개, 생홍고추 5개, 양파 1개

만들기

1 콩잎은 씻은 후 소금물을 풀어 약 20분간 절인 후 헹궈놓는다.

2 마늘은 얇게 저미고, 매운 고추, 홍고추는 어슷썰기한다.

3 양파는 곱게 채썬다.

4 그릇에 밀가루풀과 맛물을 넣고 간장, 매실청, 소금을 넣어 섞는다.

5 김치통에 마늘, 고추 등을 깔고 콩잎을 차곡차곡 펴서 담는다.

6 다 담았으면 준비한 4를 붓고 누름돌로 누른 후 뚜껑을 덮는다.

7 실온에 하루 정도 두었다가 간을 본다. 소금과 물로 간을 맞춘 후
   냉장고에서 숙성시킨다.

특별한 맛이 나지 않는데 맛있는 것이 콩잎김치다. 경상도 지역 김치로 시장에서는 콩잎을 따서 깻잎처럼 실로 묶어 팔기도 한다. 잘 발효된 김치를 두세 장씩 밥 위에 얹어 먹거나 쌈장과 함께 싸먹기도 한다. 부드러운 풋콩 맛이 나며 쌀뜨물처럼 뽀얀 김치 국물도 탄산수처럼 톡 쏘는 것이 시원하다.

고구마줄기김치

기본재료 | 고구마줄기 500g,

양념 | 간장 3큰술, 양파 1개, 생홍고추 10개, 밥 1/2공기, 마늘 1통, 매실청 1/3컵, 소금

만들기

1 고구마줄기는 약 10cm 길이로 자른다.

2 양파를 깍둑썰기한다.

3 믹서기에 양파, 밥, 홍고추, 마늘을 넣고 거칠게 간다.

4 그릇에 3과 간장, 소금, 매실청을 넣고 고루 섞는다

5 4에 고구마줄기를 넣고 버무리며 소금으로 간을 맞춘다.

> * 고구마줄기는 껍질을 벗기지 않고 끓는 물에 데쳐서 사용한다. 껍질을 벗기는 수고로움도,
> 소금에 절이는 번거로움도 없으니 김치 만드는 일이 한결 수월하다.

찬밥과 홍고추를 거칠게 갈아 넣고 고구마줄기김치를 담갔다. 밀가루풀이나 찹쌀풀을 만들기가 번거로울 때는 밥을 갈아 넣고 김치를 한다. 다 익은 김치의 아삭한 식감도 좋고, 칼칼하고 시원한 김치 국물도 진국이다. 고구마줄기는 볶아서 나물 반찬으로 먹는 것이 일반적이나 김치를 담가 새로운 맛을 경험해보자.

가을

가을은 곡식, 열매채소, 뿌리채소를 수확
하고 갈무리하여 저장하는 시기다. 씨앗
과 열매, 땅속뿌리까지 살이 오르고 영양
이 가득하다. 질 좋은 지방과 단백질, 탄
수화물, 섬유질이 풍부한 음식을 듬뿍 먹
을 수 있어 농부와 자연에 감사한 마음이
절로 샘솟는 계절이다.

고추

한여름 풋고추도 맛있으나 가을볕과 바람에 익어가는 고추 맛 또한 각별하다. 특히 서리가 내리기 전 끝물 고추는 꽉 찬 맛이다. 시장에 나가보면 검은 보라색을 띤 가지고추부터 연노랑색 당조고추, 할라피뇨 등 다양한 고추들을 볼 수 있다. 수비초, 칠성초 등 이름도 예쁜 토종고추도 종종 구할 수 있다. 생김새는 물론 맛과 향이 다 달라 호기심을 자극한다.

삭힌고추비빔국수

기본재료 | 국수 2인분, 삭힌 고추 8개, 애호박 1개
양념 | 생들기름 2큰술, 검정깨 1큰술, 간장 1~2큰술, 고추발효액 1큰술, 소금 2작은술

만들기

1 호박은 채썰어 소금을 뿌려 5분 정도 절인다.

2 절여진 호박은 천으로 감싸 으스러지지 않도록 지그시 수분을 짠다.

3 삭힌 고추는 동글납작하게 썬다.

4 끓는 물에 국수를 삶아 찬물에 헹군다.

5 팬에 들기름을 넣고 고추를 볶다가 애호박을 넣고 볶는다.

6 국수에 간장과 고추발효액을 넣고 무쳐 볶은 고추와 호박, 깨를 수북이 올린다.

    * 쫄깃한 면발을 원한다면 삶은 후 찬물에 여러 번 헹궈서 녹말 성분을 최대한 뺀다.

소금물에 삭힌 고추와 호박을 썰어서 들기름에 달달 볶아 얹은 비빔국수는 반찬이 없거나 입맛이 없을 때 부담 없이 먹을 수 있는 음식이다. 애호박이나 늙은호박 어느 것도 괜찮다. 고춧가루나 고추장으로 양념해 톡 쏘는 매운 비빔국수도 좋지만 곰삭은 고추의 부드러운 매운맛도 별미다.

생고추무침

기본재료 | 오이(아삭이)고추, 당조고추, 가지고추, 홍고추 등 200g
양념 | 된장 1/2큰술, 고추장 1/2큰술, 다진 마늘 1작은술, 참깨 1큰술, 조청 1큰술

만들기

1 고추는 꼭지를 떼고 크기에 따라 3~4등분한다.

2 된장, 고추장 등 양념 재료를 모두 넣고 고루 섞는다.

3 썰어놓은 고추와 양념을 가볍게 버무린다.

무침용 고추는 매운맛이 덜하고 수분이 많은 것을 고른다. 신선한 홍고추는 매운맛보다는 맛이 깊고 달다. 쌈채소에 밥과 고추무침을 올리고 호두나 땅콩 등 견과류를 함께 올려 쌈밥으로 먹기도 한다.

꽈리고추감자조림

기본재료 | 꽈리고추 100g, 조림용 감자 10알, 땅콩 2큰술, 물 2컵
양념 | 간장 2큰술, 고추발효액 3큰술, 현미유 2큰술, 생들기름 1큰술

만들기

1 깊은 팬에 물과 감자를 넣고 중불에서 삶는다.

2 감자가 익으면 물을 따라낸 후 꽈리고추, 현미유를 넣고 볶는다.

3 고추가 투명해질 때쯤 땅콩, 간장, 고추발효액을 넣고 졸인다.

4 마지막에 들기름을 넣고 가볍게 볶아 마무리한다.

잘 발효된 간장과 고추발효액을 넣어 졸인 꽈리고추감자조림은 생각만으로도 입안에 침이 고인다. 꽈리고추 향과 포슬포슬한 감자를 제대로 즐기려면 따뜻할 때 먹는 것이 좋다. 남은 양념에 밥을 비벼 먹기도 하는데 달고 짠맛의 유혹이 강한 음식이다.

고추피클

기본재료 | 고추(청양고추, 베트남고추, 할라피뇨, 당조고추, 아삭이고추 등) 500g
양념 | 피클장(물 3컵, 식초 1컵, 황설탕 1/2컵, 소금 2~3큰술), 월계수잎 3장, 스파이스 1작은술

만들기

1 고추 끝부분을 가위로 조금 잘라내거나 포크로 찔러 숨구멍을 낸다.

2 고추 꼭지는 약 1cm 정도만 남기고 자른다.

3 고추를 저장 용기에 차곡차곡 담고 월계수잎과 피클용 스파이스를 넣는다.

4 누름돌을 올린다.

5 피클장을 끓여 한 김 나가면 고추가 잠기도록 붓는다.

6 2~3일 후 냉장 보관하고, 10일 정도 지나 맛이 들면 먹기 시작한다.

　＊ 고추를 썰어서 담그면 3~4일 후부터 먹을 수 있어 좋으나
　　통고추피클은 통째로 한 입 베어 먹는 재미가 있다.

맛과 생김새가 다른 고추를 한 병에 담으니 그림 같다. 다른 채소 피클과 달리, 단맛은 줄이고 짠맛이나 신맛이 좀 더 강하게 담근다. 다지거나 썰어 수프, 파스타, 무침, 조림, 볶음, 찌개 등에 넣을 수 있다. 어떤 음식에 넣느냐에 따라 이국적인 맛, 또는 좀 더 한국적인 맛을 내는 약방의 감초 같은 역할을 한다.

고추절임

기본재료 | 청양고추(또는 일반 고추) 1kg, 물 1L
양념 | 굵은소금 150g

만들기

1 고추 꼭지를 짧게 자르고 머리 부분을 가위로 조금 잘라주거나
　포크로 찔러 숨구멍을 낸다.

2 저장 용기에 고추를 차곡차곡 담고 누름돌을 올려준다.

3 냄비에 물과 소금을 넣고 소금이 다 녹을 때까지 저어준 후 끓여 한 김 식혀
　고추에 붓는다.

4 일주일 정도 지난 후 물만 따라서 다시 한 번 끓여 완전히 식힌 후 붓는다.

5 다시 2~3주 정도 삭힌 다음 냉장 보관한다.

　　＊ 삭힌 고추는 보관 방법에 따라 1년 이상 두고 먹을 수 있다.

소금물에 절여 삭힌 고추는 고추절임의 정석이다. 노랗게 잘 삭힌 고추는 고춧가루를 넣고 무치기도 하고 송송 썰어서 뽀글장처럼 끓여 밥을 비벼 먹기도 한다. 콩나물국이나 칼국수에 넣어 시원한 맛을 더하기도 하고 비빔국수나 파스타 등에 넣어 발효식품만의 독특한 맛을 내기도 한다. 고추와 소금, 물만 있으면 되니 만드는 것은 단순한데 제대로 맛을 내는 것이 어렵다. 소금의 비율이나 저장 환경 등에 따라 맛 차이가 난다.

홍고추청

기본재료 | 홍고추 1kg, 황설탕 1kg

만들기

1 홍고추는 가위로 3~4조각으로 자른다.

2 그릇에 고추와 설탕을 넣고 버무린 후 저장 용기에 꼭꼭 눌러 담는다.

3 위에 남은 설탕을 부어서 고추가 보이지 않게 덮는다.

4 뚜껑을 느슨하게 닫아 실온에서 보관한다.

5 한 달 정도 지난 후 고추와 액을 분리해 냉장 보관한다.

＊ 숙성되면 고추와 청을 분리해야 오래도록 깔끔한 맛을 유지할 수 있다.

가을에는 잘 익은 홍고추를 사서 해마다 고추청을 담근다. 잘 숙성된 매운맛과 단맛은 음식의 맛을 한층 풍부하게 해주는 마법 같은 양념이다. 건져낸 고추도 소스, 무침, 조림 등에 양념으로 사용한다. 배추겉절이에 고추청을 넣어 무치면 매운맛이 산뜻하다.

또띠아매콤카나페

기본재료 | 통밀 또띠아 5장, 쌈채소 20장, 고수 20g, 생강 1쪽, 레몬 1/2개, 고추 2개,
땅콩 3큰술, 양파 조금
양념 | 소스(고추청 1큰술, 식초 1큰술, 레몬즙 2큰술, 간장 1/2큰술), 튀김용 기름

만들기

1 또띠아는 4등분해 기름에 튀겨낸다.

2 쌈채소는 한 입 크기로 자르고, 고수와 고추도 적당한 크기로 자른다.

3 즙을 짜내고 남은 레몬과 양파는 팥알 크기 징도로 자르고 생강은 채썬다.

4 소스를 만든다.

5 튀긴 또띠아에 쌈채소, 고수, 땅콩 등 준비한 재료를 올리고 소스를 뿌린다.

태국 여행길에 먹었던 음식을 기억하
며 만든 카나페다. 고소하고 향긋하며
매콤한 것이 오래도록 생각나는 음식
이다. 고수가 입맛에 맞지 않으면 민트,
셀러리, 쑥갓 등 향이 강한 채소들을 곁
들여도 괜찮다.

가을 호박

가을은 호박의 계절이다. 설익은 호박은 설익은 대로, 농익은 호박은 농익은 대로 풋내와 성숙함이 재료에 온전히 담겨 있다. 애호박, 늙은호박, 주키니호박, 땅콩호박, 국수호박, 단호박 등 종류만큼이나 다양한 음식을 만들어 먹을 수 있으니 봄이 오기 전까지 귀한 양식이다. 우리나라에서는 음식뿐 아니라 몸을 따뜻하게 하고 부기를 빼주는 민간요법 치료제로도 널리 사용한다.

호박구이

기본재료 | 호박(늙은호박, 땅콩호박, 단호박, 애호박 등) 800g
양념 | 생들기름, 올리브유, 현미유, 소금, 파슬리, 로즈메리, 원당, 후추

만들기

1 땅콩호박과 늙은호박은 굽기에 적당한 크기로 잘라서 씨앗과 껍질을 손질한다.

2 단호박은 껍질째 자르고 씨앗을 정리한다.

3 애호박도 굽기 좋은 크기로 자른다.

4 호박을 오븐에 올리고 생들기름, 현미유, 올리브유를 각각 호박에 뿌린 후
   소금이나 원당, 후추, 허브 등을 뿌린다.

5 오븐을 250도로 예열한 후 노릇해질 때까지 15분 정도 굽는다.

애호박, 늙은호박, 단단한 호박, 맛이 달거나 심심한 호박 등을 허브나 오일을 달리해서 굽는다. 호박 한두 조각쯤은 원당을 듬뿍 뿌려 단맛을 느껴본다. 오븐에 구운 호박 맛이 일품이다.

호박수제비

기본재료 | 늙은호박 100g, 애호박 100g, 호박잎 5장, 부추 1줌, 수제비 반죽 2인분, 맛물 7컵
양념 | 간장 2큰술, 매운 고추 2개, 소금

만들기

1 늙은호박은 한 입 크기로 납작썰기하고 애호박도 같은 크기로 썬다.

2 부추는 5~6cm 길이로 썰고, 고추는 곱게 채썬다.

3 호박잎은 손으로 비벼 부드럽게 만든 후 찢는다.

4 맛물을 불에 올려 호박잎을 넣고 끓인다.

5 물이 끓으면 늙은호박과 수제비를 떠서 넣는다.

6 수제비가 익을 즈음에 애호박, 부추, 간장을 넣는다.

7 다 익으면 소금으로 간을 맞추고 고추를 넣는다.

> * 밀가루 반죽 만들기_밀가루 3컵, 물 1컵, 소금을 넣고 반죽해서
> 냉장고에서 약 30분 정도 숙성시킨 다음 사용한다.

늙은호박과 애호박, 호박잎을 넣어 수제비를 끓인다. 푹 익힌 늙은호박은 입 안에서 스르르 녹아 없어진다. 호박잎을 넣으니 맛이 한결 구수하다. 밀가루에 늙은호박을 갈아 넣고 수제비 반죽을 만드는 것도 추천한다.

호박조림

기본재료 | 늙은호박, 단호박, 땅콩호박 등 400g, 맛물 4컵
양념 | 간장 3큰술, 고춧가루 2큰술, 고추장 1큰술, 현미유 2큰술, 생강 1쪽, 대파 1/2대

만들기

1 늙은호박과 땅콩호박은 껍질을 벗기고 단호박은 껍질째 큼직하게 썬다.
2 대파는 어슷썰기하고 생강은 편으로 썬다.
3 냄비에 대파와 생강을 깔고 썰어놓은 호박을 올린다.
4 맛물을 붓고 간장, 고춧가루, 고추장, 현미유를 넣어 중불에서 끓인다.
5 호박이 뭉근하게 익어가면 물이 자작하게 남을 정도까지 졸인다.

　＊ 늙은호박에서 나온 잘 여문 호박씨는 껍질째 말려서 팬에 덖어
　　 차나 채수, 맛물용으로 사용한다.

호박을 큼직하게 썰고 고춧가루와 고추장을 넉넉히 넣고 졸인다. 조금은 자극적인 음식으로 불에서 직접 끓여가며 먹는다. 부드럽게 익은 호박을 양념과 함께 밥에 비벼 먹는 맛도 일품이다. 감자나 무를 같이 넣고 끓여도 좋다.

단호박강낭콩수프

기본재료 | 단호박 200g, 삶은 강낭콩 1컵, 토마토 2개, 물 5컵
양념 | 매운 고추 1개, 월계수잎 2장, 토마토식초 1큰술, 소금, 후추

만들기

1 단호박은 껍질째 사방 1cm 두께로 썬다.

2 토마토는 6등분하고 고추는 다진다.

3 끓는 물에 단호박, 콩, 토마토를 넣고 중불에서 끓인다.

4 호박과 토마토가 부드럽게 익으면 매운 고추, 월계수잎, 소금을 넣는다.

5 먹기 전에 식초와 후추를 넣는다.

  ＊ 강낭콩이 말린 콩이 아닌 생콩일 경우에는 미리 삶지 않고 그대로 사용한다.

농익은 단호박과 붉은 강낭콩을 넣은 수프다. 익숙한 호박죽 맛에 싫증이 난다면 토마토와 월계수잎을 넣어보자. 식초를 몇 방울 떨어트리면 톡 쏘는 신맛이 더해져 맛이 새롭다. 감기 기운이 있을 때 생각나는 음식이다.

호박잡채

기본재료 | 애호박 1/2개, 단호박 150g, 늙은호박 150g, 오이 1개, 양파 1/2개, 파프리카 1개
양념 | 다진 쪽파 1큰술, 간장 1큰술, 현미유, 참기름, 후추, 절임용 소금

만들기

1 애호박, 단호박, 껍질 벗긴 늙은호박을 약 8cm 길이로 곱게 채썬다.

2 오이, 파프리카도 같은 길이로 채썰고, 양파도 채썬다.

3 채썬 호박에 물을 조금 섞어 소금을 넣고 약 10분간 절인 후
부서지지 않도록 지그시 짠다.

4 오이도 소금에 10분 정도 절인 후 수분을 짠다.

5 팬에 현미유를 두르고 호박을 볶다가 오이, 양파, 파프리카, 간장을 넣고 볶는다.

6 쪽파, 참기름, 후추를 넣고 가볍게 버무린다.

호박은 식탐을 부르는 재료다. 애호박
부터 잘 숙성된 늙은호박까지 그 향이
좋아 종류별로 욕심껏 썰어 잡채를 했
다. 가끔씩 씹히는 오이 맛이 상큼해 또
한 입 먹게 만든다. 재료의 식감이 살도
록 살짝만 볶는 것이 중요하다.

버섯

버섯은 면역력을 높이고 항암효과가 뛰어나
며, 섬유소가 풍부하고 칼로리도 낮다. 맛과
영양, 향과 식감마저 뛰어나 음식 재료 중 으
뜸이다. 우리나라는 숲이 많아 먹을 수 있는
야생 버섯이 180여 가지가 넘는다고 하지만
쉽게 맛볼 수 없어 아쉽다. 그러나 인공 재배
버섯도 다양하니 골고루 그 맛을 즐겨보자. 버
섯은 육식에 대한 아쉬움을 달래줄 수 있어 채
식을 시작하려는 사람들에게 도움이 된다.

느타리버섯전

기본재료 | 느타리버섯 200g, 감자전분 3큰술
양념 | 소금, 후추, 현미유

만들기

1 느타리버섯은 한 입 크기 정도로 송이를 나눈다.

2 흐르는 물에 재빨리 씻어 채반에서 물기를 뺀다.

3 감자전분에 소금, 후추를 넣고 잘 섞어 버섯에 가루옷을 고루 입힌다.

4 팬에 기름을 두르고 버섯을 노릇하게 부친다.

＊ 지퍼백에 재료와 가루를 함께 넣고 흔들어주면 가루옷을 고르게 입힐 수 있다.

반찬이 없을 때 간편하게 만들어 먹는 맛있는 버섯전이다. 버섯의 쫄깃함과 감자전분의 바삭함이 어우러져 식감이 최상이다. 곱게 채썬 새송이버섯이나 팽이버섯으로 부쳐도 맛있다. 송화버섯, 표고버섯 등은 두툼하게 썰어 전분 가루옷을 입혀 부치고 새콤달콤한 소스를 곁들이면 버섯탕수육이 된다.

버섯미역들깨탕

기본재료 | 송화버섯 8개, 불린 미역 2줌, 들깻가루 3큰술, 맛물 8컵
양념 | 참기름 1큰술, 간장 2큰술, 소금

만들기

1 송화버섯은 젖은 행주로 잡티를 닦아내고 길이로 편을 썬다.

2 냄비에 송화버섯을 넣고 중불에서 덖어가며 수분을 날려준다.

3 2에 불린 미역, 참기름, 간장 1큰술을 넣고 볶다가 맛물을 붓고 끓인다.

4 미역이 부드러워지면 들깻가루와 나머지 간장, 소금을 넣고 국물이 뽀얗게
   우러날 때까지 중불에서 끓인다.

5 넉넉한 그릇에 탕을 담는다.

송화버섯은 표고버섯 중 최상급인 백화표고를 개량한 것으로 표고와 송이버섯의 맛과 모양을 닮았다. 향이 진하고 식감이 유독 쫄깃하다. 팬에 구워 기름장에 찍어 먹어도 맛있다. 버섯을 덖어 수분을 날린 후 미역, 들깨와 함께 뭉근하게 끓여내면 국물 맛이 진국이다. 보양식으로 좋다.

버섯구이

기본재료 | 새송이버섯 2개, 양송이 4개, 표고버섯 2개, 팽이버섯 1봉지, 아위버섯 2줌 등
양념 | 현미유, 후추, 로즈메리, 소금장(굵은소금 1작은술, 참기름 1/2큰술),
간장소스(간장 1큰술, 물 1큰술, 식초 1큰술, 조청 1/2큰술, 다진 매운 고추 1작은술)

만들기

1 새송이버섯은 길이대로 반을 가르고 칼집을 낸다.

2 양송이버섯은 꼭지를 딴다.

3 팽이버섯, 아위버섯 등은 한 입 크기 정도로 손질해놓는다.

4 오븐 팬에 손질해놓은 버섯과 로즈메리를 넣고 현미유와 후추를 뿌린다.

5 250도 오븐에서 약 20분간 굽는다. 오븐이 없으면 팬에 구워도 충분하다.

6 버섯이 노릇하게 구워지면 소금장이나 간장소스에 찍어 먹는다.

      * 현미유 대신 콩기름, 들기름, 올리브유 등을 취향껏 뿌려도 좋다.

철마다 나오는 온갖 채소, 과일을 오븐에 구워 먹어보자. 맛과 영양이 제각각인 잎채소, 열매채소, 뿌리채소를 기름 솔솔 뿌려 오븐에 구우면 맛이 더할 나위 없이 좋다. 그중에서도 버섯구이는 만족도가 특히 높다. 버섯마다 맛과 향, 식감이 모두 달라서 버섯만 종류별로 구워도 지루한 느낌이 없다.

목이버섯숙회

기본재료 | 말린 목이버섯 30g
양념 | 초고추장(고추장 1큰술, 물 1큰술, 고추발효액 1큰술, 식초 2큰술, 원당 1큰술)

만들기

1 말린 목이버섯은 미지근한 물에서 약 30분간 불린다.

2 불린 버섯을 끓는 물에서 약 10초 정도 살짝 데친 후 찬물에 헹군다.

3 물기를 뺀 목이버섯과 초고추장을 그릇에 담는다.

　＊ 생목이버섯은 불리지 않고 끓는 물에서 가볍게 데친 후 헹군다.
　　고추냉이간장소스, 참기름소금장과도 잘 어울린다.

목이버섯은 식감으로 먹는다고 해도 과언이 아니다. 야들야들한 것이 탱탱하기까지 해서 입안에서의 느낌이 좋다. 중국 요리나 한식 잡채에서 한두 점씩 맛보던 것이 전부여서 목이버섯만의 매력을 느끼지 못했을 수 있다. 우연히 목이버섯숙회를 맛본 뒤부터 목이버섯을 온전한 음식 재료로 사용하게 되었다.

노루궁뎅이버섯수프

기본재료 | 노루궁뎅이버섯 4개, 양파 1/2개, 두유 500ml, 통밀가루 1큰술, 물 1컵
양념 | 올리브유, 소금, 후추

만들기

1 노루궁뎅이버섯은 곱게 찢고 양파는 곱게 채썬다.

2 수프용 냄비에 올리브유, 양파를 넣고 볶는다.

3 양파가 노릇해지면 준비한 노루궁뎅이버섯을 넣고 수분을 날리듯 볶는다.

4 3에 밀가루를 넣고 고루 섞어가며 노릇하게 볶는다.

5 불을 잠시 끄고 4에 물, 두유를 넣고 덩어리가 없도록 충분히 풀어준다.

6 다시 불을 켜고 약불에서 소금을 넣고 뜸 들이듯 끓이며 후추로 마무리한다.

＊ 타거나 끓어 넘치지 않도록 계속 저어주며 불 조절에 신경 쓴다.

노루궁뎅이버섯은 노루궁뎅이처럼 생겼다고 해서 붙은 이름이다. 어릴 적 본 엄마의 파우더 분첩 같은 느낌이 들어 자꾸만 냄새를 맡게 된다. 생김새만큼이나 향과 맛이 부드러워 뽀얀 수프를 끓였다. 버섯을 통째로 팬에 가볍게 구운 뒤 큼직하게 찢어서 소스에 찍어 먹기도 한다.

느타리버섯샌드위치

기본재료 │ 느타리버섯 250g, 샌드위치 빵 4장, 상추 8장, 루콜라 1줌
양념 │ 고추 2개, 현미유 2큰술, 참기름, 씨겨자소스 4작은술
간장소스 3큰술(전통발효 간장과 원당을 1:1의 비율로 섞은 것)

만들기

1 느타리버섯은 최대한 곱게 찢고 팬에서 덖으며 수분을 날린다.

2 고추는 곱게 채썬다.

3 팬에 현미유를 두르고 느타리버섯과 고추를 볶다가
간장소스, 참기름을 넣고 살짝 볶는다.

4 빵에 씨겨자소스를 바르고 상추, 볶은 버섯, 루콜라를 올려 샌드위치를 만든다.

느타리버섯은 맛과 향이 좋고, 가격까지 부담 없어 자주 사용하는 식재료다. 무침, 볶음, 국, 전, 구이 등 어느 음식에나 잘 어울린다. 버섯은 어떤 음식을 하든 팬에 충분히 덖어 수분을 날린 후 사용해야 식감이 쫄깃하고, 맛과 향이 더욱 진하게 살아난다.

팽이버섯부추샐러드

기본재료 │ 황금팽이버섯 1봉지, 팽이버섯 1봉지, 자색양파 1/2개, 실부추 1줌
양념 │ 올리브유 2큰술, 소금, 후추

만들기

1 팽이버섯과 부추를 4~5cm 길이로 썬다.

2 양파는 곱게 채썰어 찬물에 5분 정도 담가 매운맛을 뺀 후 채반에 받쳐둔다.

3 팬을 달군 후 버섯을 한 숨 죽을 정도로만 살짝 볶은 후 식힌다.

4 그릇에 버섯, 부추, 양파를 담고 올리브유, 소금, 후추를 넣고 버무린다.

팽이버섯에 양파와 부추를 넣고 샐러드를 만들었다. 신선한 올리브유와 소금, 후추만으로도 군더더기 없이 맛이 꽉 찬다. 조리법은 매우 간단하고 맛은 더 없이 우아하다. 한식, 양식 모든 음식에 어울리는 샐러드다. 부추의 부드러운 매운맛과 팽이버섯의 고소함, 씹는 식감도 기분 좋다.

토란·마

토란은 땅의 달걀이라는 뜻으로 뮤신 성분이 풍부해 점액질이 많다. 수확철에 잠깐밖에 맛볼 수 없는 귀한 재료다. 마는 '산에서 나는 장어'라고 할 만큼 영양이 풍부하다. 장마, 단마, 둥근마, 열매마 등 종류도 다양하다. 대부분의 마는 뿌리식물인데 열매마는 넝쿨식물로 속살이 노르스름하다. 뮤신 성분이 풍부해 생으로 먹는 것이 좋다.

토란떡국

기본재료 | 현미떡 2인분, 손질한 토란 10알, 새송이버섯 2개, 맛물 6컵
양념 | 간장 1큰술, 쪽파 2줄, 소금, 후추

만들기

1 솥에 준비한 맛물을 넣고 끓인다.

2 손질한 토란을 반으로 자른다.

3 새송이버섯은 2~3등분해서 납작하게 썬 후 팬에 구워 수분을 날려준다.

4 끓고 있는 맛물에 토란, 버섯을 넣고 끓인다.

5 토란, 버섯 맛이 국물에 우러나면 떡, 간장, 소금, 후추를 넣고 끓인다.

> * 토란은 솔을 이용해 흐르는 물에 씻어 껍질째 찜통에서 10분 정도 찐다.
>   찐 토란을 찬물에 잠시 담가두면 껍질이 잘 벗겨진다.
> * 생토란은 가려움증을 유발할 수 있으므로 장갑을 끼고 손질한다.

추석 명절에는 토란탕, 설 명절에는 떡국이지만 토란이 나오는 계절에는 언제나 토란떡국을 끓인다. 찰진 토란과 떡의 조합도 좋고 뽀얗게 우러난 국물이 보약이다. 토란을 감자에 비유하기도 하는데 토란 맛이 좀 더 고급스럽다.

토란조림

기본재료 | 손질한 토란 10알, 대파 1개, 꽈리고추 10개, 볶은 땅콩 1줌
양념 | 현미유 2큰술, 간장 2큰술, 조청 1큰술, 원당 1큰술, 생들기름 1큰술, 실고추

만들기

1 토란을 먹기 좋은 크기로 자르고 대파는 어슷썰기한다.

2 깊은 팬에 기름과 토란을 넣고 중불에서 볶는다.

3 토란 속까지 잘 익으면 고추, 파, 땅콩을 넣고 볶는다.

4 고추가 투명한 녹색을 띠면 간장, 조청, 원당, 실고추를 넣고 볶다가
들기름으로 마무리한다.

  * 실고추는 건고추를 젖은 수건으로 감싼 후 적당히 부드러워지면
    가위로 곱게 잘라 사용한다.

알감자조림을 하듯이 토란조림을 했
다. 감자조림은 따뜻할 때 먹지 않으면
전분 성분 때문에 퍽퍽한 느낌이 드는
반면 토란조림은 밑반찬으로 냉장 보
관해두고 먹어도 괜찮다. 고소한 땅콩
과 매콤한 꽈리고추를 함께 넣어 맛이
풍성하다.

마튀김과 타르타르소스

기본재료 | 둥근마 큰것 1개, 샐러드채소 2줌, 밀가루 2/3컵, 감자전분 1/3컵, 물 1컵
양념 | 소금, 후추, 파슬리가루, 현미유

만들기

1 마는 큰 것을 골라서 1cm 두께로 썬다.

2 마에 소금, 후추를 뿌려놓는다.

3 샐러드채소는 씻은 후 채반에서 물기를 뺀다.

4 밀가루, 감자전분, 소금, 후추, 파슬리가루, 물을 넣고 튀김옷을 만든다.

5 마에 밀가루를 무친 후 튀김옷을 입혀 노릇하게 튀긴다.

6 접시에 마튀김, 채소를 올리고 타르타르소스를 곁들인다.

> * 타르타르소스 만들기_두부 100g, 레몬즙 3큰술, 소금 1/2작은술, 조청 2큰술,
> 씨겨자 1작은술, 후추를 넣고 블렌더로 곱게 간다. 취향에 따라 양파, 피클,
> 매운 고추 등을 다져 넣는다. 두부는 수분을 충분히 없앤 후 사용한다.

튀김옷을 입힌 흰살생선을 두툼하게 튀겨 감자튀김, 완두콩, 타르타르소스와 내는 피시앤칩스가 생각나 만든 음식이다. 큼직한 마를 흰살생선처럼 튀김옷을 입혀 튀겼다. 마와 식감이 비슷한 감자와 완두콩은 생략하고 샐러드채소를 곁들였다. 타르타르소스 대신 식초와 소금을 뿌려 먹기도 한다.

마낫토덮밥

기본재료 | 밥 2인분, 마 200g, 낫토 2개
양념 | 쪽파 4줄, 간장 1큰술, 물 3큰술, 조청 1/2큰술, 겨자, 참기름

만들기

1 마는 껍질을 벗겨낸 후 강판에 곱게 간다.

2 쪽파는 곱게 썬다.

3 간장, 물, 조청, 겨자를 넣고 소스를 만든다.

4 밥에 마와 낫토를 올리고, 파, 간장소스, 참기름을 뿌린다.

일식집에 가면 애피타이저로 갈아놓은 마에 간장소스를 내놓기도 하는데 끈적한 뮤신 성분이 위점막을 보호하고 단백질 흡수를 돕는다. 위에 부담 없는 음식을 먹고 싶을 때면 마를 강판에 갈아서 덮밥을 한다. 국내산 낫토를 쉽게 구할 수 있어서 간장소스만 만들면 간편하게 해먹을 수 있다.

마샐러드

기본재료 │ 장마 20cm, 샐러드채소 3줌
양념 │ 간장 1큰술, 물 2큰술, 식초 1큰술, 참기름 2작은술

만들기

1 마는 껍질째 3~5mm 두께로 동글납작하게 썬다.

2 샐러드채소를 씻어 수분을 뺀다.

3 간장, 물, 식초를 섞어 소스를 만든다.

4 접시에 마와 샐러드채소를 올리고 소스, 참기름을 뿌린다.

   * 먹을 때마다 오리엔탈소스, 유자청소스 등 소스를 다양하게 활용한다.

마샐러드 한 조각은 미각을 열어주는 애피타이저로 좋다. 마는 특히 생것으로 먹을 때 영양 성분을 온전히 섭취할 수 있다. 샐러드 만드는 방법은 더없이 간단한데 보기에도 좋고, 맛 또한 깔끔하다.

연근·우엉

연근은 늦가을부터 이듬해 이른 봄까지가 제
철이다. 식이섬유가 풍부하고 면역력 강화에
도움이 돼 회복식으로 좋다. 뿌리채소지만 저
장성이 매우 약해 오래 보관하지 못하므로 제
철에 충분히 먹는다. 우엉은 특유의 구수한 맛
과 식감으로 김밥 재료의 감초가 된 지 오래
다. 몸 안의 독소를 배출하고 혈액을 맑게 하
는 등 몸에 좋은 성분이 많아 덖어서 만든 우
엉차도 인기 있다.

연근뿌리채소찜

기본재료 | 연근 중간크기 1/2개, 마 1/2개, 토란 6알, 밤 5알
양념 | 소금

만들기

1 연근은 껍질째 3~4cm 두께로 썬다.

2 마는 껍질을 벗기고 5cm 두께로 썬다.

3 토란과 밤은 껍질을 벗긴다.

4 찜통에 재료를 넣고 약 10분간 찐다.

5 소금이나 레몬소금에 찍어 먹는다.

> * 연근은 암수가 따로 있다. 길이가 짧고 통통하며 식감이 부드럽고 아삭한
> 암연근을 추천한다.

가을엔 연근, 토란, 마 등 뿌리채소가 풍성하다. 감자, 고구마를 찌듯 큼직하게 잘라 찜통에 찌고 레몬소금이나 소금에 찍어 먹는다. 집에 놀러 오는 친구들에게 찐 뿌리채소와 함께 과일과 차를 내면 모두들 재미있어 한다. 맛과 식감이 다 달라 훌륭한 간식거리이자 가벼운 한 끼 식사로 대신할 수 있다.

도토리연근전

기본재료 | 연근 1개, 도토리가루 1/2컵, 밀가루 1컵, 물 1컵
양념 | 간장 1/2큰술, 현미유

만들기

1 연근은 약 5mm 두께로 썰어 끓는 물에 2분간 데친 후 식힌다.

2 도토리가루와 밀가루를 1:1 비율로 섞고, 물과 간장을 넣어 부침용 반죽을 만든다.

3 연근에 앞뒤 밀가루를 바른 후 부침용 반죽옷을 입혀 팬에 부친다.

4 중불에서 뒤집으며 노릇노릇하게 굽는다.

＊ 노란 치자물이나 붉은색 비트즙을 내서 밀가루에 섞어 전을 부치면 색이 곱다.

연근전은 맛은 물론 모양이 예뻐 식탁을 돋보이게 한다. 연근에 도토리가루옷을 입혀 전을 부치면 아삭한 연근과 고소한 도토리 맛이 어우러져 마냥 먹게 된다. 도토리가루 대신 수수가루, 찹쌀가루 등으로 부침옷을 입히기도 한다.

우엉볶음

기본재료 | 우엉 1대
양념 | 현미유 2큰술, 간장 2큰술, 조청 1큰술, 참기름, 실고추

만들기

1 우엉은 2~3mm 두께로 어슷썰기한다.

2 팬에 현미유를 두르고 우엉을 볶는다.

3 우엉이 투명해지면 간장, 실고추, 조청을 넣고 볶다가 참기름을 뿌려 마무리한다.

   * 연근과 우엉은 채소를 닦는 전용 솔로 표면에 붙어 있는 흙이나 불순물을
     깨끗이 닦아 껍질째 사용한다.

간장 양념을 넣고 천천히 졸이는 우엉 조림은 만드는 시간이 오래 걸릴 뿐 아니라 윤기가 흐르고 쫄깃한 맛을 내는 것이 쉽지 않다. 우엉을 조리지 않고 기름 두른 팬에 볶았더니 조리 방법도 간편하고 맛도 있다.

우엉잡채

기본재료 │ 우엉 1대, 생표고버섯 10개, 납작당면 200g, 홍고추 3개, 부추 1/3단, 배추속대 2장
양념 │ 소스(간장 3큰술, 원당 2큰술, 물 2큰술), 현미유 3큰술, 참기름 2큰술, 참깨, 후추

만들기

1 당면은 물에 담가 불린다.

2 우엉과 표고버섯은 가늘게 채썰고, 버섯 밑동은 찢어놓는다.

3 홍고추, 배추도 가늘게 채썰고 부추는 5~6cm 길이로 썬다.

4 당면을 삶아 건진다.

5 팬에 현미유를 두르고 우엉을 볶다가 소스 2큰술을 넣고 밑간을 한다.

6 우엉에 표고버섯, 고추를 넣고 볶다가 당면을 넣는다.

7 나머지 소스를 조금씩 넣으며 간을 맞춘다.

8 부추, 배추를 넣고 가볍게 저어준 후 참기름, 참깨, 후추를 넣고 버무린다.

잡채는 왜 특별한 날에만 해먹는지 짐작이 간다. 들어가는 재료도 많고 준비하는 시간도 제법 걸린다. 정성과 수고가 남다르니 잔칫상에 꽃처럼 화사하다. 빵을 곁들여도 좋고 남은 잡채는 다시 볶아서 잡채덮밥으로 활용한다.

우엉볶음밥

기본재료 | 밥 2인분, 우엉 1대, 볶은 땅콩 3큰술, 고추 4개
양념 | 간장 2큰술, 조청 2큰술, 현미유, 들기름, 후추

만들기

1 우엉은 곱게 다진다.
2 고추는 동글납작하게 썬다.
3 팬에 현미유를 두르고 우엉, 땅콩, 고추를 넣고 볶는다.
4 우엉이 어느 정도 익으면 간장, 조청을 넣고 볶는다.
5 재료와 양념이 어우러지면 밥, 들기름을 넣고 살짝 볶아 후추로 마무리한다.

우엉을 곱게 다져 볶음밥을 했다. 고소한 땅콩과 매콤한 고추를 함께 넣었다. 볶음밥뿐 아니라 채소볶음, 무침 등에도 땅콩을 활용하면 고소한 땅콩 맛이 음식의 맛을 한층 돋운다. 우엉볶음밥으로 유부초밥을 만들어도 맛있다.

김 · 미역 · 다시마

해조류는 바다식물, 바다채소라고도 부른다. 우리나라에서 식용이 가능한 해조류는 50여 종가량 된다고 한다. 단백질, 비타민, 무기질 등 영양소가 풍부하다. 특히 김, 미역, 다시마는 한국인의 식탁에서 빼놓을 수 없는 대표적인 바다채소로 주로 가을부터 겨울이 제철이지만 말리거나 염장을 하는 등의 방법으로 사계절 내내 먹을 수 있다.

들기름구이김

기본재료 | 구이용 김 30장
양념 | 들기름 1/2컵, 굵은소금

만들기

1 굵은소금을 절구에 넣고 적당히 부순다.

2 넓은 쟁반이나 도마에 김을 한 장씩 올려 들기름을 바르고 소금을 뿌린다.

3 재워놓은 김에 기름과 소금이 잘 스며들도록 잠시 둔다.

4 팬이나 석쇠에 김을 올리고 약불에서 앞뒤 고루 굽는다.

　* 들기름에 참기름이나 현미유를 섞기도 한다.

지금은 구이김을 사 먹는 것이 당연하지만 예전에는 집집마다 들기름, 참기름을 바르고 소금 뿌려 팬이나 석쇠에 직접 김을 구웠다. 그 맛이 무척이나 고소하고 향긋했다. 마트에서 쉽게 살 수 있는 편리함 때문에 이 특별한 맛이 잊히는 것이 안타깝다.

현미가래떡김말이

기본재료 | 들기름구이김 5장, 현미가래떡 20cm 3줄

만들기

1 구이김을 반으로 자른다.

2 가래떡도 반으로 자른다.

3 자른 김 1장을 접시에 펼치고 가래떡을 올려 돌돌 만다.

가볍게 한 끼 식사를 하고 싶을 때 구이김에 가래떡을 돌돌 말아 싸먹는다. 아이들이 학교 다니던 때 든든한 간식거리였다. 등산이나 여행길에 구이김과 가래떡을 준비해 가면 식사 대용이나 간식거리로 요긴하다. 특히 들기름구이김과 구수한 현미가래떡의 조화는 맛이 꽉 찬 느낌이다.

김자반주먹밥

기본재료 | 김자반 200g, 밥 2인분

만들기

1 밥을 한 입 크기로 빚는다.

2 넓은 그릇에 김자반을 담고 밥을 굴려가며 넉넉하게 묻힌다.

＊ 주먹밥을 빚을 때는 밥알이 살아 있도록 가볍게 힘을 주어 빚는다.

김의 짙은 향을 제대로 맛볼 수 있으면서 무엇보다 조리법이 간단해서 좋다. 밥을 한 입 크기로 빚은 후에 김자반을 듬뿍 묻혀 내거나 즉석에서 직접 묻혀가며 먹는 것도 재미있다. 장아찌나 김치, 나물, 맑은국 정도를 곁들인다.

미역찜

기본재료 | 불린 미역 4줌, 새송이버섯 4개, 맛물 6컵
양념 | 간장 2~3큰술, 참기름 1큰술, 실고추

만들기

1 미역을 물에 헹궈 채반에 받쳐 둔다.

2 미역을 먹기 좋은 길이로 큼직하게 썬다.

3 버섯은 결대로 3~4등분해 팬에서 노릇하게 굽는다.

4 냄비에 미역과 참기름을 넣고 볶는다.

5 미역이 투명해지면 버섯, 간장, 실고추, 맛물을 넣고 중불에서 끓인다.

＊ 새송이버섯 대신 다른 버섯을 넣어도 된다.

몸살 끝에 따뜻하고 부드러운 음식이 생각날 때 미역찜을 한다. 산후조리할 때 푹 끓인 미역국 한 그릇에 온몸이 회복되는 경험과 비슷하다. 한 그릇 푸짐하게 먹으면 밥 없이도 든든하다. 취향에 따라 들깻가루를 넣어도 괜찮다.

된장미역국밥

기본재료 │ 불린 미역 3줌, 느타리버섯 2줌, 삶은 고사리 2줌, 무 1토막, 밥 2인분, 맛물 6~7컵
양념 │ 들깻가루 3큰술, 된장 1큰술, 간장 1~2큰술, 매운 고추 1개

만들기

1 불려놓은 미역을 숭덩숭덩 썬다.

2 느타리버섯은 가늘게 찢고 고사리는 버섯 길이와 비슷하게 썬다.

3 무는 곱게 채썰고 매운 고추는 다진다.

4 맛물에 된장을 풀고 미역, 고사리, 무, 느타리버섯을 넣고 중불에서 푹 끓인다.

5 재료들이 익으면 간장과 들깻가루, 고추를 넣고 약불에서 가볍게 끓인다.

부드러운 미역과 구수한 된장이 잘 어울리는 한 그릇 국밥이다. 고사리와 느타리버섯을 함께 넣고 푹 끓여 씹는 맛까지 더했다. 들깻가루도 넉넉히 넣어 영양 가득한 보양식을 만들었다.

미역귀다시마튀각

기본재료 | 마른 미역귀 100g, 마른 다시마 50g
양념 | 현미유, 고운 고춧가루 1/2큰술, 원당 2큰술, 쪽파 2줄, 참깨

만들기

1 미역귀와 다시마는 젖은 행주로 살짝 닦아 사방 3~4cm 크기로 자른다.

2 쪽파는 송송 썬다.

3 냄비에 현미유를 넣고 중불에서 서서히 가열한다.

4 준비한 미역귀와 다시마를 튀긴다.

5 고춧가루, 원당, 쪽파, 참깨를 넣고 버무린다.

　＊ 미역귀와 다시마는 바짝 말라 있어서 쉽게 탈 수 있다.
　　온도조절에 주의를 기울이며 조금씩 넣어가며 튀긴다.

미역귀가 건강에 좋다는 것이 알려지면서 마른 미역귀 구입이 쉬워졌다. 다시마와 미역귀를 함께 튀겨 밑반찬이나 술안주, 간식으로 즐겨보자. 생미역귀가 나오는 3~4월에는 끓는 물에 살짝 데쳐 숙회를 만들거나 무생채와 함께 고춧가루, 식초를 넣고 매콤새콤하게 무친다. 말린 미역귀를 불려 숙회나 무침을 해도 그 맛을 낼 수 있다.

다시마표고버섯볶음

기본재료 | 불린 다시마 사방 20cm 크기 2장, 불린 건표고버섯 8개
양념 | 간장 2큰술, 조청 1큰술, 현미유, 실고추, 참기름

만들기

1 다시마는 곱게 채썰고 표고버섯도 채썬다.

2 팬에 기름을 두르고 다시마와 표고버섯, 실고추를 넣고 볶는다.

3 어느 정도 볶아지면 간장, 조청을 넣고 졸이듯 볶아 참기름으로 마무리한다.

맛물을 끓이고 나서 건져낸 다시마와
표고버섯을 버리지 않고 썰어서 밑반
찬을 만든다. 채수용으로 사용하고 난
것이라 감칠맛은 덜해도 반찬으로는
손색이 없다. 표고버섯, 다시마를 곱게
채썰거나 다져 나물밥, 해초밥 등에 넣
고 밥을 짓기도 한다.

무·배추

예부터 가을 무는 인삼보다 좋다고 할 정도로 영양소가 많고, 특히 소화를 돕는 성분이 풍부하다. 배추는 채소 가운데 소비량이 가장 많다고 하는데 김치 때문일 수도 있으나 그 쓰임새가 매우 다양하다. 가을 수확철에 서너 통 구입해 저장해두면 겨울에도 매우 요긴하게 쓰인다. 시간이 지날수록 단맛이 나는 배추는 온실에서 자란 채소와는 비교할 수 없다.

배추만두

기본재료 | 배추 1/2통, 느타리버섯 400g, 표고버섯 200g, 만두피
양념 | 매운 고추 5개, 들기름 2큰술, 간장 2큰술, 소금 1/2큰술, 감자전분 1큰술, 후추

만들기

1 배추는 곱게 채썬 후 끓는 물에서 약 10초간 데치고 찬물로 헹궈 물기를 짠다.
2 느타리버섯은 가늘게 찢고 표고버섯은 채썰어 팬에서 덖는다.
3 매운 고추는 곱게 다진다.
4 배추, 버섯, 고추를 그릇에 담고 나머지 양념을 모두 넣어 버무린다.
5 만두피에 속을 넣어 빚는다.

> * 만두피는 우리밀 500g, 도토리가루 1/2컵, 물 300ml, 소금을 조금 넣고 반죽했다.
> 만두피를 만드는 것이 번거로울 경우 생협 등에서 구입해 사용한다.

속이 노란 배추를 채썰어 버섯과 함께 만두를 빚는다. 배추의 달달한 향기와 버섯의 깊은 맛이 어우러진 담백한 만두다. 만두 만드는 일이 번거롭기는 해도 뒷맛이 여운처럼 남아 겨울까지 여러 번 빚는다. 찜기에 쪄서 먹기도 하지만 채소와 두부를 넣은 만두전골도 일품이다.

배추샐러드

기본재료 | 알배추 1/4통, 숙주 100g, 배 1/2개
양념 | 소스(간장 2큰술, 식초 3큰술, 고추기름 2큰술, 유자청 3큰술), 쪽파 2줄, 고춧가루 조금

만들기

1 배추는 곱게 채썰어 찬물에 잠시 담갔다가 물기를 뺀다.

2 숙주도 씻어 물기를 뺀다.

3 배는 껍질째 얇게 썰고 쪽파도 곱게 썬다.

4 간장, 식초, 고추기름, 유자청을 섞어 소스를 만든다.

5 큰 그릇에 채소와 배를 담아 소스를 뿌리고, 고춧가루와 쪽파를 올린다.

배추를 곱게 채썰어 만든 샐러드. 달고 고소하며 시원하다. 고춧가루나 간장을 양념으로 사용하면 한국식 샐러드가, 올리브유나 레몬즙 등을 첨가하면 서양식 샐러드가 된다. 가끔은 과일과 고추기름을 이용해 아시아식 샐러드 맛을 낸다.

마른배추자반

기본재료 | 채썰어 말린 배추 50g
양념 | 들기름 1큰술, 현미유 2큰술, 소금 2작은술, 원당 1작은술

만들기

1 팬을 약불에서 서서히 달군 후 현미유를 두르고 배추를 넣는다.

2 배추가 살짝 볶아지면 들기름을 넣고 저어 노릇해지면 불을 끈다.

3 뜨거울 때 바로 소금과 원당을 뿌려 골고루 섞는다.

   * 배추 말리기_배추를 채썰어 뜨거운 물에 숨이 숙을 정도로만 데쳐 찬물에 헹군다.
   물기를 꼭 짜서 가정용 건조기에 고루 펼쳐 60도에서 바싹 말린다.

배추를 말리는 것은 추위에 언 배추를
버리지 않고 활용하는 좋은 방법이다.
바싹 마른 배추는 스낵처럼 먹기도 하
고, 된장국을 끓이거나 무말랭이무침
에 넣기도 한다. 말린 배추에 들기름,
원당, 소금을 뿌려 만든 자반은 부스러
기조차 남기지 않을 만큼 맛있다.

순무구이

기본재료 | 순무 중간크기 2개
양념 | 현미유, 들기름, 굵은소금, 로즈메리, 타임, 후추

만들기

1 순무는 먹기에 적당한 크기로 썬다.

2 오븐 팬에 순무를 올리고 현미유와 들기름을 고루 뿌린다.

3 로즈메리, 타임을 올리고 굵은소금과 후추를 뿌린다.

4 250도로 예열한 오븐에서 약 15분 정도 굽는다.

순무는 겨우내 저장해놓고 먹을 수 있다. 저장 과정에서 수분이 조금씩 증발하면 달고 매콤하고 고소해진다. 껍질을 벗겨 생것으로 먹기도 하는데 담백한 순무 맛이 과일보다 맛있을 때가 있다. 큼직하게 썰어 기름과 허브를 뿌려 오븐에 구우면 부드럽고 폭신하다.

간장무조림

기본재료 │ 무 1/2개, 마른 표고버섯 4개, 맛물 4컵
양념 │ 다시마 사방 10cm 1장, 간장 4큰술, 조청 3큰술, 마른 홍고추 2개

만들기

1 무는 2cm 두께로 썬다.
2 맛물에 무, 다시마, 표고버섯, 조청 2큰술을 넣고 끓인다.
3 무가 투명해지며 어느 정도 익으면 간장과 남은 조청, 홍고추를 넣고 끓인다.
4 무에 국물을 고루 끼얹어주며 윤기가 날 때까지 졸인다.
5 무가 알맞게 익으면 접시에 담고 표고버섯, 다시마도 함께 올린다.

제철에 먹는 무는 수분이 많고 단단해
맛이 최상이다. 큼직하게 썰어 다시마,
표고버섯을 넣고 뭉근하게 졸였다. 고
춧가루 넣은 칼칼한 무조림도 맛있지만
발효간장과 조청으로 맛을 낸 무조림도
맛이 깊고 그윽하다.

무볶음덮밥

기본재료 | 밥 2인분, 무(흰무, 붉은무, 순무, 무청, 흰당근 등) 500g
양념 | 간장 2큰술, 들기름 2큰술, 마른 홍고추 2개, 소금, 후추, 현미유

만들기

1 무, 당근은 사방 1cm 크기로 작게 썬다.

2 무청도 무 크기 정도로 썬다.

3 팬에 기름을 두르고 썰어놓은 재료를 볶는다.

4 무가 반 정도 투명해지면 마른 고추를 부셔 넣고 들기름, 소금, 간장을 넣고 볶는다.

5 그릇에 밥을 담고 볶은 재료를 올린 후 후추로 마무리한다.

무볶음덮밥은 생각보다 맛있다. 무를 골고루 섞어 간장과 기름에 볶기만 했는데 맛과 색, 질감이 다 다른 것이 서로 조화롭다. 가을에 뿌리채소, 열매채소를 골고루 조금씩 구입해두면 음식을 한결 다채롭게 만들 수 있다.

무배추전

기본재료 | 배추속잎 8장, 홍무 1/3개, 밀가루 1컵, 메밀가루 1/2컵, 수수가루 1/2컵, 물 2컵
양념 | 현미유, 들기름, 간장

만들기

1 배추는 줄기 부분을 나무 방망이로 두들겨 부드럽게 한다.

2 무는 5mm 두께로 반달썰기 해서 찜통에서 가볍게 찐 후 식힌다.

3 밀가루와 메밀가루, 밀가루와 수수가루를 같은 비율로 섞어
물, 간장을 넣어 곱게 풀어놓는다.

4 배추와 무의 앞뒷면에 마른 밀가루를 골고루 뿌린다.

5 팬에 현미유와 들기름을 두르고 배추와 무에 반죽옷을 입혀 노릇하게 부친다.

배추 잎에 메밀가루옷을 입혀 앞뒤 노릇하게 부쳤다. 밀가루만으로 부친 전이 부드럽고 쫄깃하다면 메밀가루를 넣은 전은 구수하고 담백하다. 무도 썰어서 살짝 찐 후 수수가루옷을 입혀 전을 부쳤다. 붉은 빛이 도는 수수전도 입맛을 자극한다. 무와 배추전은 맛과 모양이 소박하면서도 품위가 있다.

가을 김치

샐러드 같은 백김치, 탄산수처럼 톡 쏘는 동치미, 자극적인 파김치, 시원한 총각김치 등 김치 생각만으로도 입맛이 당긴다. 김치 몇 가지만 있어도 반찬 걱정이 없다는데 직접 담그는 것에 대한 고민은 여전하다. 김치는 유네스코 세계문화유산에 등재되면서 이제는 세계적인 음식이 되었다. 김치의 우수성과 본래의 맛을 잃지 않으면서도 간편하게 만들어 먹을 수 있으면 좋겠다.

가벼운 동치미

기본재료 | 중간크기 무 4개, 홍무 1개, 쪽파 1줌, 청갓 1줌, 배 1개, 삭힌 고추 5개, 물 6리터, 소금 2컵
양념 | 무 1/2개, 배 1개, 양파 1개, 생강 1토막, 다시마 사방 10cm 2장, 찹쌀풀

만들기

1 무는 약 1cm 두께로 반달썰기하고, 쪽파와 갓은 10cm 길이로 썬다.

2 배는 크기에 따라 4~8등분한다.

3 양념용으로 준비한 무, 배, 양파, 생강을 분쇄기로 곱게 갈아 즙을 낸다.

4 그릇에 썰어놓은 무와 쪽파, 갓, 배, 삭힌 고추, 걸러낸 즙을 담은 후
   소금 1컵 반, 찹쌀풀을 넣어 버무린다. 맛이 어우러지도록 1~2일 정도 재워둔다.

5 물 6리터에 다시마를 넣고 중간 불에서 서서히 끓이며 맛을 우려낸 후 식힌다.

6 4에 준비한 동치미 물을 붓고 남은 소금으로 간을 맞춘다.

7 실온에서 3~4일 두었다가 냉장고에서 숙성시킨다.

동치미는 무가 단단하고 큼직해 익는
시간이 오래 걸리므로 배추김치보다
좀 더 일찍 담근다. 가끔 무가 설익은
상태에서 국물만 시큼하게 변해버리는
경우도 있어서 맛을 내는 것이 생각보
다 까다롭다. 실패하지 않기 위해 무를
썰어서 익히는 방법으로 가벼운 동치
미를 담갔다.

백김치

기본재료 | 절인 배추 2통, 무 1개, 배 1개, 맛물 1리터
양념 | 찹쌀풀 2컵, 소금 2큰술, 간장 2큰술, 생강 1조각, 실고추 1큰술

만들기

1 무, 배, 생강을 블렌더로 곱게 갈아서 천 주머니에 넣고 즙을 짠다.

2 맛물에 짜낸 즙과 찹쌀풀, 실고추, 간장, 소금을 넣고 버무려 양념을 만든다.

3 절인 배추에 양념을 고루 바르고 차곡차곡 김치통에 담는다.

4 남은 양념은 김치가 잠길 정도로 붓고 공기가 통하지 않도록 꼭꼭 눌러준다.

5 3~4일 정도 서늘한 곳에서 익힌 후 냉장고에서 숙성시킨다.

＊ 이틀 정도 실온에서 숙성시킨 후 맛을 보며 물이나 소금 등으로 다시 한 번 간을 맞춘다.

잘 익은 백김치를 먹으면 배추의 단맛과 톡 쏘는 시원함이 입안에 가득하다. 고춧가루와 양념이 많이 들어간 일반 김치와는 달리 백김치는 너무 숙성되면 맛이 급격하게 떨어진다. 적은 양을 담아 알맞게 익었을 때 먹는다.

유자순무김치

기본재료 | 중간크기 순무 3kg, 유자 2개
양념 | 소금 2/3컵, 매실청 2/3컵, 생강즙 1큰술, 통후추 10알

만들기

1 순무는 길이대로 6~8 조각으로 자른 후 소금에 30분 정도 절인다.

2 절여진 무는 채반에 담아 수분을 뺀다.

3 유자는 껍질과 과육을 분리한 후 껍질은 곱게 채썰고 과육은 다진다.

4 순무에 유자, 매실청, 생강즙, 소금, 통후추를 넣고 버무린 후 실온에서
이틀 정도 숙성시킨 후 냉장 보관한다.

＊ 생유자가 없으면 유자청으로 대신하고 매실청을 넣지 않아도 된다.
무가 절여진 정도에 따라 소금으로 간을 맞춘다.

고춧가루를 넣지 않고 버무린 후 2~3
일 숙성시켜 바로 먹을 수 있는 순무김
치를 담갔다. 유자 향과 매콤한 순무 맛
이 잘 어울린다. 익히는 시간이 필요 없
어 가을부터 겨울까지 수시로 만들어
먹는다. 죽이나 기름진 음식 등을 먹을
때 곁들인다.

늙은호박김치

기본재료 | 절인 배추 우거지 2통 분량, 중간크기 늙은호박 1통
양념 | 찹쌀풀 2컵, 고춧가루 2컵, 간장 1/2컵, 대파 2줄, 다진 마늘 4큰술, 다진 생강 2작은술, 소금

만들기

1 절인 우거지는 한 입 크기로 길게 찢어놓는다.

2 늙은호박은 껍질과 씨를 분리한 후 두툼하게 썬다.

3 대파는 채썬다.

4 우거지와 호박에 고춧가루를 넣고 고루 버무린다.

5 나머지 양념을 넣고 버무리며 싱거우면 소금으로 간을 맞춘다.

6 저장 용기에 꼭꼭 눌러 담은 후 실온에서 숙성시켜 냉장 보관한다.

김장 때 절여진 쭉정이 배추와 함께 잘 익은 늙은호박을 숭덩숭덩 썰어 담근 찌개용 김치다. 잘 숙성된 호박김치는 보는 것만으로도 입맛을 자극한다. 주로 이북 지역에서 담가 먹던 김치로 농익은 김치에 돼지고기를 듬뿍 넣고 찌개를 끓였다고 한다.

생김치찜과 두부구이

기본재료 | 김치겉절이 1포기, 두부 1모
양념 | 대파 1줄, 매실청 2큰술, 들기름 2큰술, 현미유 1큰술

만들기

1 김치를 한 입 크기로 썬다.

2 냄비에 현미유와 매실청, 김치를 넣고 볶는다.

3 김치의 숨이 죽으면 파, 들기름을 넣고 국물이 자작해질 때까지 끓인다.

4 두부를 두툼하게 썰어 팬에 노릇하게 굽는다.

5 김치찜과 두부를 접시에 담아낸다.

김장하는 날에는 품앗이 온 사람들과 김치찜을 해먹는다. 우거지로 된장국을 끓이기도 하지만 막 버무린 생김치로 찜을 해 두부구이와 함께 냈다. 생김치로 찜을 하는 것이 생소하지만 살캉거리는 식감이 나쁘지 않다.

잡곡을 이용한 음식

보리, 밀, 콩 등 쌀 이외의 모든 곡식을 잡곡이
라고 한다. 쉽게 구할 수 있는 콩의 종류만도
수십 가지에 이르고, 쌀보리, 겉보리, 찰보리,
흑찰보리, 청보리 등 보리쌀도 그 종류가 다양
하다. '슈퍼 푸드'로 불리는 병아리콩, 퀴노아,
아마란스, 렌틸콩 같은 수입 곡물보다는 맛과
영양, 식이섬유가 풍부한 우리의 통곡물 잡곡
으로 다양한 음식을 만들어보자.

나물장아찌오곡주먹밥

기본재료 | 오곡(현미, 백미, 수수, 기장 등) 2인분, 산나물 간장장아찌 2줌
양념 | 참기름 2큰술, 소금 1/2작은술

만들기

1 곡식을 씻어 압력솥에 밥을 한다.

2 나물장아찌는 간장양념을 꼭 짜서 곱게 다진다.

3 큰 그릇에 밥과 다진 장아찌를 넣고 고루 버무린 후 소금, 참기름을 넣는다.

4 밥을 한 입 크기로 빚은 후 장아찌를 곁들인다.

곡식을 골고루 넣어 밥을 짓고 장아찌를 송송 다져 밥과 함께 버무려 주먹밥을 만든다. 간장에 절인 명이나물이나 취나물장아찌도 맛있고 곡식은 매운 고추, 새콤한 매실장아찌도 좋다. 입맛 당기는 대로 취향껏 넣어 만든 주먹밥은 별미 중의 별미다.

잡곡샐러드

기본재료 | 잡곡(율무, 수수, 흑미, 귀리, 통밀 등) 2인분, 방울토마토 6알, 사과 1/4개,
배 1/4개, 꼬마 파프리카 1개, 줄콩 1줄, 양파 1개, 쌈채소 2줌
양념 | 소스(올리브유 5큰술, 토마토식초 1큰술, 레몬청 1큰술, 소금 1작은술), 후추, 허브 조금

만들기

1 잡곡을 씻어서 압력솥에 밥을 한다. 밥이 고슬고슬하도록 물의 양을
일반 밥물보다 조금 적게 잡는다.

2 밥이 완성되면 넓은 그릇에 얇게 펴서 식힌다.

3 토마토, 파프리카 등 채소와 과일은 먹기 좋은 크기로 자르고, 양파는 다진다.

4 줄콩은 잘라서 뜨거운 물에 가볍게 데친 후 식힌다.

5 샐러드 볼에 밥과 재료를 담는다.

6 소스, 후추, 허브를 뿌려 마무리한다.

곡식을 골고루 넣은 샐러드는 맛과 포
만감이 최고다. 씹을 때마다 톡톡 터지
는 곡식의 식감도 좋다. 잡곡, 신선한
채소, 과일을 함께 넣고 먹으면 든든한
한 그릇 밥상을 받은 기분이다. 잡곡의
종류가 다양하므로 필요할 때마다 고
루 섞어 활용한다.

콩토마토수프

기본재료 | 콩(옥수수, 흰콩, 강낭콩, 녹두 등) 1컵, 토마토 2개, 양파 1개, 셀러리 1줄,
펜네 1줌, 물 4컵
양념 | 레몬소금 1쪽, 올리브유, 월계수잎 3장, 허브, 후추

만들기

1 콩은 물에 불려 삶아놓는다.

2 토마토와 양파는 큼직하게 썰고 셀러리는 송송 썬다.

3 펜네는 물에 불리고 레몬소금은 곱게 다진다.

4 냄비에 양파와 토마토, 올리브유를 넣고 흐물흐물해지도록 볶는다.

5 볶은 재료에 물과 삶아놓은 옥수수, 콩, 펜네, 셀러리, 월계수잎,
레몬소금을 넣고 약 10분 정도 뭉근하게 끓인다.

6 취향에 따라 바질이나 파슬리 등 허브와 후추로 마무리한다.

콩과 채소, 허브 등을 넣고 푹 끓인 수프는 언제 먹어도 든든하다. 콩을 종류별로 준비해놓고 그때그때 섞어서 사용하면 편리하다. 당근이나 감자 등 채소를 듬뿍 넣고 푹 끓인 토마토수프와 달리 콩토마토수프는 씹는 맛이 있다.

장단콩전

기본재료 | 장단콩(흰 메주콩) 2컵, 물 1/2컵
양념 | 소금 1작은술, 현미유, 들기름

만들기

1 장단콩을 미지근한 물에 8시간 이상 불린다.
2 불린 콩에 물을 넣고 껍질째 믹서기에 곱게 간다.
3 곱게 간 콩을 그릇에 담고 소금으로 간을 한다.
4 기름을 넉넉히 두른 팬에 콩 반죽을 작은 국자로 한 국자씩 올린다.
5 다 익어갈 즈음 들기름을 넣고 노릇하게 지진다.

콩전은 입안에 넣자마자 부서져 내린다. 고소한 맛과 함께 은은한 들기름 향이 입안 가득 퍼진다. 재료는 단순한데 맛과 향이 화려하다. 콩전을 부치는 과정에서 부서지지 않도록 한쪽 면이 노릇하게 구워진 후 뒤집는다. 밀가루나 쌀가루를 조금 섞어 반죽하면 점성이 생겨 부치기 수월하다.

볶은콩자반

기본재료 | 볶은 검은콩 2컵, 매운 고추 1줌
양념 | 간장 3큰술, 조청 2큰술, 원당 1큰술, 현미유 3큰술, 들기름 1큰술, 실고추

만들기

1 팬을 약불에서 달군 후 콩을 넣고 가볍게 덖어 그릇에 담아 식힌다.

2 매운 고추는 어슷썰기한다.

3 팬에 현미유, 간장, 조청, 원당을 넣고 약불에서 원당이 다 녹을 때까지 섞는다.

4 썰어놓은 고추를 양념에 넣고 볶으며 가볍게 졸인다.

5 고추가 졸여지면 콩과 실고추를 넣고 중불에서 볶는다.

6 들기름을 넣고 조금 더 볶은 후 마무리한다.

볶은 콩으로 만든 콩자반은 맛이 부드럽고 고소한 맛이 진하다. 만드는 방법도 일반 콩자반보다 단순하다. 매콤달콤, 짭조름한 콩자반은 밥도둑이다. 반드시 볶은 콩을 구입해 사용해야 조리하기 쉽다. 집에서 콩을 볶을 경우 속까지 완전히 볶아지지 않으므로 단단해서 먹기 힘들다.

겨울

겨울에는 고구마, 당근, 무 등 뿌리식물
들이 숙성 과정을 거치며 맛이 더욱 깊어
진다. 버섯, 산나물, 무청시래기 등 봄부
터 가을까지 갈무리해 말린 재료들은 자
연 건조 과정에서 영양이 더욱 풍부해진
다. 자연이 동면에 들어가는 시기로 이듬
해 봄을 기약하며 영양분을 축적한다.

레몬

이국적인 과일의 상징이던 레몬을 제주도에서 생산한다. 12월부터 2월경까지 겨울에 수확하는 레몬은 껍질도 단단하고 맛과 향이 진하다. 농약과 보존제 처리 등으로 세척이 까다로운 수입 레몬과 달리 제주 레몬은 흐르는 물에 씻기만 하면 된다. 레몬은 비타민C가 풍부하고 해독작용이 뛰어나며 음식의 맛을 내는 조미료로 사용할 수 있다. 레몬의 화려한 맛과 향만큼 사용 방법도 다양하다.

레몬소금

기본재료 | 레몬 1kg, 천일염 300g

만들기

1 레몬을 흐르는 물에 깨끗이 씻어 물기를 닦아낸다.

2 소독한 병을 준비한다.

3 레몬 꼭지를 떼어낸 후 길이로 4~6등분한다.

4 그릇에 썰어놓은 레몬과 소금을 넣고 문질러가며 버무려 병에 담는다.

5 절인 후 10일 정도 지난 후부터 사용한다.

    * 레몬은 나오는 기간이 짧아서 김장하듯 넉넉히 저장해두고 1년간 사용한다.

소금에 절이기만 하면 되는 레몬소금
은 동서양 어느 음식과도 어울리는 조
미료다. 잘 숙성된 레몬소금은 시간이
지날수록 맛이 부드럽고 고소하며 감
칠맛이 있다. 샐러드, 수프, 무침, 구이,
튀김 등 레몬 향과 소금이 필요한 음식
에 사용한다.

레몬청

기본재료 | 레몬 1kg, 황설탕 1kg

만들기

1 레몬을 흐르는 물에서 깨끗이 씻어 물기를 닦아낸다.

2 소독한 병을 준비한다.

3 레몬을 2~3mm 두께로 썬다.

4 그릇에 레몬을 담고 준비한 설탕의 80%를 넣어 고루 버무린 후 병에 담는다.

5 나머지 설탕으로 레몬이 보이지 않도록 두텁게 덮는다.

> * 레몬청을 만드는 과정에서 레몬 자투리가 제법 남는다. 버리지 말고 병에 담아
> 술이나 식초를 붓는다. 음식 재료로 사용하거나 주방 소독제로 사용한다.

레몬청은 겨울에는 따뜻한 음료로, 여름에는 시원한 음료로 마실 수 있다. 음료 안에 담겨 있던 레몬도 버리지 말고 먹는다. 강한 레몬 향과 함께 쌉싸름한 뒷맛이 입안을 상큼하게 한다. 샐러드 소스, 무침, 구이용 양념 등으로 두루 사용할 수 있다.

레몬소금무무침

기본재료 | 무 1/4개

양념 | 레몬소금액 2큰술, 레몬청 과육 4개, 참기름 1/2큰술, 검정깨

만들기

1 무는 1cm 두께로 잘라 3~4cm 길이로 썬다.

2 레몬청 과육을 1/4조각으로 썬다.

3 썰어놓은 무에 레몬소금액을 넣고 버무려 약 10분간 절인다.

4 마른 천에 절여진 무를 넣고 꼭 짠다.

5 무에 레몬청 과육, 참기름을 넣고 조물조물 무친 후 검정깨를 뿌린다.

레몬소금과 레몬청을 넣고 조물조물 무친 상큼한 음식이다. 레몬의 상큼함과 무의 시원함이 절묘한 조합이다. 국수나 기름진 음식들과 잘 어울린다. 무를 곱게 다져 김밥, 주먹밥 재료로도 사용한다.

레몬맑은수프

기본재료 │ 레몬소금 1조각, 레몬 1/4개, 옥수수 통조림 2큰술, 당근 1/3개, 양배추잎 1~2장,
　　　　　　셀러리 1/2줄, 펜네 2줌, 물 5컵
양념 　│ 식초 1큰술, 후추, 월계수잎 2장

만들기

1 레몬은 얇게 저미고 레몬소금은 다진다.

2 당근은 얇게 썰고 양배추, 셀러리도 적당한 크기로 썬다.

3 펜네는 미지근한 물에 약 20분간 불린다.

4 물이 끓으면 준비한 재료를 넣고 중불에서 푹 끓인다.

5 재료가 익으면 식초, 월계수잎, 후추를 넣고 한소끔 끓여 마무리한다.

레몬을 얇게 저며 넣고 양배추, 셀러리 등을 넣어 푹 끓인 수프다. 농익은 레몬소금으로 간을 하고 식초를 넣는다. 따뜻한 수프를 한 입 먹을 때마다 신맛이 코를 자극한다. 레몬의 적당히 쓴맛도 좋다. 몸에 에너지가 필요할 때 생각나는 음식으로 중독성이 있다.

레몬소금볶음밥

기본재료 │ 밥 2인분, 무 1토막, 양파 1개, 시금치 2줌, 레몬소금 1조각
양념 │ 마늘 4쪽, 현미유, 후추

만들기

1 무와 양파는 사방 1cm 크기로 깍둑썰기한다.

2 시금치는 다듬어서 반으로 자른다.

3 레몬소금은 곱게 다진다.

4 마늘은 편으로 썬다.

5 팬에 기름을 두르고 무, 마늘, 양파 순으로 넣고 볶는다.

6 무가 투명해지면 밥을 넣고 볶다가 레몬소금, 시금치를 넣고
  살짝 볶아 마무리한다.

볶음밥에 소금 대신 레몬소금을 넣었다. 상큼한 레몬 향이 은은하게 나는 볶음밥이다. 무와 시금치 등 채소에서 묻어나는 레몬 향도 좋다. 볶음밥에 넣은 채소는 아삭한 식감이 살아 있도록 가볍게 볶는다.

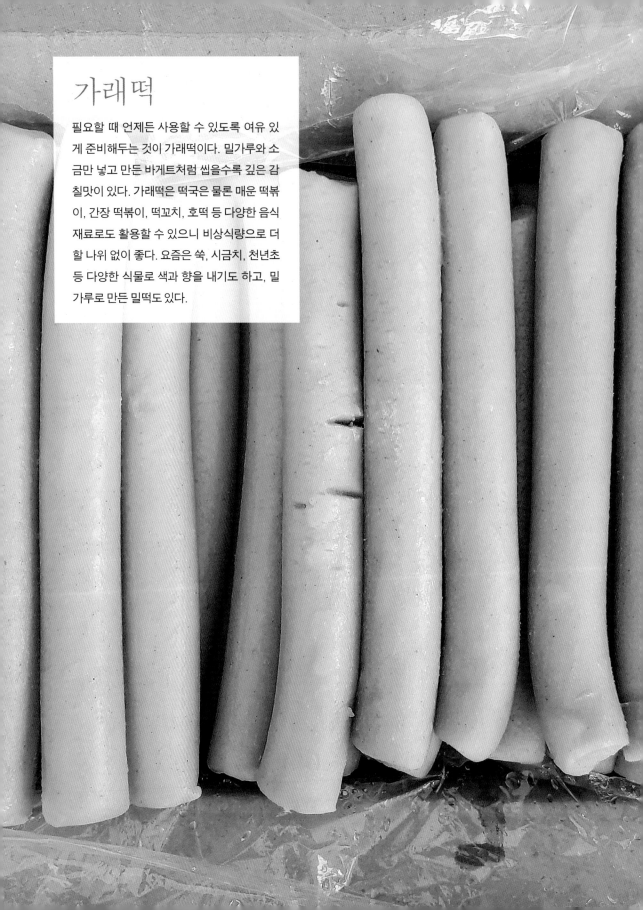

가래떡

필요할 때 언제든 사용할 수 있도록 여유 있게 준비해두는 것이 가래떡이다. 밀가루와 소금만 넣고 만든 바게트처럼 씹을수록 깊은 감칠맛이 있다. 가래떡은 떡국은 물론 매운 떡볶이, 간장 떡볶이, 떡꼬치, 호떡 등 다양한 음식 재료로도 활용할 수 있으니 비상식량으로 더할 나위 없이 좋다. 요즘은 쑥, 시금치, 천년초 등 다양한 식물로 색과 향을 내기도 하고, 밀가루로 만든 밀떡도 있다.

간장떡볶이

기본재료 | 현미가래떡 2줄, 배추속잎 4장, 표고버섯 6개, 대파 1줄
양념 | 간장양념(간장 2큰술, 물 2큰술, 원당 2큰술), 참기름 1큰술, 현미유 1큰술, 후추, 실고추

만들기

1 현미가래떡을 5mm 두께로 도톰하게 어슷썰기한다.

2 표고버섯은 반으로 어슷썰기 하고 배추도 한 입 크기로 어슷썰기한다.

3 대파는 4cm 길이로 자른다.

4 팬에 현미유를 두르고 가래떡, 표고, 대파, 배추 순으로 굽는다.

5 재료가 노릇하게 구어지면 실고추와 간장양념을 넣고 볶으며 참기름, 후추로 마무리한다.

현미로 뽑은 가래떡은 조금 거칠어도 뒷맛이 구수하다. 현미떡을 먹는 것에 익숙해지면 흰쌀로 뽑은 가래떡은 너무 찰지고 맛이 싱겁다는 느낌이 든다. 떡과 채소를 노릇하게 구운 뒤 간장양념으로 떡볶이를 만든다. 전통 음식인 궁중떡볶이와는 또 다른 맛이다.

떡꼬치

기본재료 | 떡볶이떡 200g

양념 | 소스(고운 고춧가루 1큰술, 고추장 1큰술, 토마토케첩 2큰술, 조청 1큰술), 현미유

만들기

1 떡볶이떡을 꽂이에 끼운다.

2 달궈진 팬에 기름을 넉넉히 두르고 앞뒤 뒤집어 가며 떡을 튀기듯 굽는다.

3 떡이 노릇하게 구워지면 만들어놓은 소스를 떡에 발라가며
  약불에서 타지 않도록 굽는다.

4 단맛을 더 원하면 구운 후 설탕을 뿌린다.

  * 소스를 미리 만들어두면 금방 만든 양념보다 숙성되어 맛이 깊다.

매콤달콤한 떡꼬치는 아이들에게는 간식, 어른들에게는 추억의 음식이다. 분식집에서나 먹을 수 있는 음식인 줄 알았던 떡꼬치를 집에서 만들어주면 아이들이 모두 좋아했다. 냉장고 속 남은 절편이나 떡국떡을 활용할 수 있다.

떡샐러드

기본재료 | 삼색 떡국떡 200g, 배추속잎 3~4장, 세발나물 2줌, 단감 1개
양념 | 소스(레몬청 2큰술, 올리브유 2큰술, 소금, 후추)

만들기

1 세발나물은 3~4cm 길이로 썰고 배추는 곱게 채썬다.

2 단감은 반으로 자르고 껍질째 반달썰기한다.

3 팬에 기름을 두르고 떡을 앞뒤 뒤집어가며 굽는다.

4 샐러드 그릇에 준비한 채소와 떡을 담고 소스를 뿌린다.

조금 남아 있는 떡을 활용해 만든 푸짐한 샐러드다. 떡을 팬에 구워 겉은 바삭하고 속은 쫄깃하다. 신선한 채소와 소스를 곁들인 간단한 한 끼 식사다. 굳어 있는 떡을 끓는 물에 가볍게 데친 후 구워서 사용하면 한결 부드럽다.

떡잡채

기본재료 | 현미가래떡 2줄, 표고버섯 5개, 불린 목이버섯 1줌, 우엉 1대, 흰당근 1개, 양파 1개, 쪽파 10줄
양념 | 간장 2큰술, 원당 1.5큰술, 참기름 1큰술, 참깨, 실고추, 후추, 소금

만들기

1 현미가래떡은 6~7cm 길이로 자른 후 다시 길이대로 4등분한다.

2 표고버섯은 채썰고 목이버섯은 손으로 찢어놓는다.

3 쪽파는 4~5cm, 우엉은 5~6cm 길이로 채썰고, 흰당근과 양파도 채썬다.

4 팬에 기름을 두르고 우엉, 가래떡, 표고버섯, 목이버섯, 흰당근,
  쪽파 순으로 넣으며 볶아 식힌다. 볶을 때 소금을 살짝 뿌려준다.

5 준비한 재료에 간장, 원당, 참기름, 참깨, 실고추, 후추를 넣고 무친다.

  * 굳어 있는 떡은 자른 후 끓는 물에 살짝 데쳐 식힌 후 사용한다.

당면 대신 떡을 넣고 만든 채식 잡채다. 어린 시절, 엄마는 설이 지나고 정월대보름날이면 명절에 먹고 남은 떡으로 떡잡채를 해주셨다. 그때는 소고기도 볶아 넣고 달걀지단을 곱게 채썰어 함께 넣어 만들었다. 떡잡채는 시간이 지나도 당면처럼 불지 않아 좋다.

누룽지떡국

기본재료 | 삼색 떡국떡 2컵, 누룽지 2컵, 맛물 7컵
양념 | 소금

만들기

1 맛물에 누룽지를 넣고 끓인다.
2 누룽지가 부드러워지면 떡국떡, 소금을 넣고 끓인다.
3 떡이 퍼지지 않을 정도로 익으면 불을 끈다.

누룽지와 떡국떡을 넣고 맛물을 부어 푹 끓이면 맛이 구수하고 시원하다. 찬밥이 생길 때면 누룽지를 만들어 비상 식량으로 저장한다. 물만 부어 끓이면 되니 무척 간편한데 맛도 훌륭하다. 파를 송송 썰어 넣거나 참기름 한 방울 떨어트려도 맛있고 김가루나 장아찌를 곁들여도 좋다.

묵나물

묵나물은 비타민, 칼슘, 철분이 풍부해 자칫
부족하기 쉬운 겨울철 영양분을 보완해준다.
제철에 수확한 나물들을 삶아 햇볕에 말리는
과정에서 맛과 향, 영양분에 큰 변화가 생긴
다. 같은 종류의 나물이라도 말린 나물은 생것
과 전혀 맛이 다르다. 봄에 나는 새순부터 들
풀, 단풍 든 잎까지 온갖 식물을 찌고 덖고 말
려 다채로운 먹을거리로 발전했다.

묵나물오곡밥과 달래장

기본재료 | 삶은 나물(취, 아주까리잎, 고춧잎, 무청 등) 각 1줌씩,
쌀과 잡곡(오분도미, 찹쌀, 차조, 수수, 밤콩 등) 2인분
양념 | 양념장(달래 1줌, 간장 1큰술, 물 2큰술, 매실청 1큰술, 참기름 1큰술, 참깨, 고춧가루),
소금 1/2작은술, 현미유 1/2큰술

만들기

1 쌀과 잡곡은 씻어서 밥물을 넣고 10분 정도 불린다.

2 손질한 나물은 2~3cm 크기로 썬다.

3 나물에 소금, 현미유를 넣고 무친 후 쌀 위에 올리고 밥을 짓는다.

4 달래는 곱게 썰어 양념장을 만든다.

  * 나물밥을 할 때는 쌀을 씻어 밥물을 먼저 계량해서 붓고 나머지 재료를 넣어야
    물 조절에 실패하지 않는다.

섬유질이 풍부한 묵나물을 종류별로 섞어 밥을 지었다. 척박한 겨울 환경에서 만들어낸 양식이었으나 맛은 깊고 부드럽다. 소박하지만 더없이 귀한 한 그릇 밥이다. 묵나물은 수십 가지 종류로 어떤 재료를 섞느냐에 따라 맛과 영양이 달라진다.

묵나물오곡밥전

기본재료 | 남은 나물 오곡밥, 소금 조금
양념 | 현미유

만들기

1 나물밥을 넓은 그릇에 담아 소금을 넣고 손 방망이로 으깨듯 찧는다.
2 밥에 찰기가 생기면 지름 10cm 크기로 동글납작하게 빚는다.
3 가열한 팬에 기름을 두르고 앞뒤 뒤집어가며 노릇하게 굽는다.
  * 바삭하게 구워 간식으로 먹어도 좋다.

나물 등을 넣고 지은 밥은 시간이 조금 지나면 밥에 수분이 생겨 밥알이 퍼지거나 향이 변해 맛이 없다. 남은 밥을 이용해 전을 부치면 바삭한 것이 별미다. 동글납작하게 빚어 팬에 구우면 전혀 다른 음식으로 재탄생한다.

묵나물도토리묵잡채

기본재료 | 삶은 나물(토란대, 고구마줄기 등) 2줌, 말린 호박과 가지 각 1줌,
말린 도토리묵 50g, 쪽파 10줄
양념 | 간장 3큰술, 원당 2큰술, 참기름 1큰술, 참깨, 후추, 실고추 조금

만들기

1 삶은 나물은 5~6cm 길이로 썬다.

2 말린 호박과 가지는 미지근한 물에 불려 물기를 가볍게 짠다.

3 말린 도토리묵은 끓는 물을 부어서 불리고, 꼬들꼬들할 때 꺼내 식힌다.

4 쪽파는 5~6cm 길이로 썬다.

5 나물과 호박, 가지에 간장과 원당을 조금 넣고 무쳐서 밑간을 한다.

6 팬에 기름을 두르고 5를 볶다가 도토리묵, 쪽파 순으로 넣고 볶는다.

7 볶은 재료에 간장, 원당, 실고추, 참기름, 참깨, 후추를 넣고 버무린다.

＊ 묵나물을 삶는 일은 시간과 정성이 필요하다. 삶은 나물을 구입하거나
한 번에 넉넉히 삶은 후 소분해 냉동 보관하고 필요할 때마다 사용한다.

묵나물과 말린 도토리묵은 신기하게
도 비슷한 맛이 난다. 요즘은 말린 도토
리묵을 파는 곳이 제법 있다. 먹고 남은
도토리묵을 버리는 것이 아까워 말리
던 것이 새로운 식재료로 상품화된 것
으로 생각된다. 말린 도토리묵은 식감
이 쫄깃하고 뒷맛이 고소하다.

묵나물채개장

기본재료 | 말린 나물 삶은 것(토란대, 고구마줄기, 고사리, 무청시래기) 각 1줌,
도라지 1줌, 숙주 3줌, 대파 3줄, 삶은 메주콩 1/2컵, 맛물 7컵

양념 | 간장 4큰술, 된장 1/2큰술, 고춧가루 2큰술, 다진 마늘 2작은술, 다진 생강 1작은술,
고추기름 1큰술, 매운 고추 2개, 후추

만들기

1 삶아놓은 나물과 도라지에 간장, 된장을 넣고 무쳐 밑간을 한다.

2 대파는 5~7cm 길이로 굵게 채썰고, 고추는 다져놓는다.

3 맛물에 무쳐놓은 나물과 콩을 넣고 중불에서 약 10분간 끓인다.

4 나물이 부드럽게 익으면 고춧가루, 마늘, 생강 등을 넣고 간장으로 간을 맞춘다.

5 마지막에 대파, 숙주를 넣고 가볍게 끓인 후 고추기름, 매운 고추,
후추로 마무리한다.

우리나라 사람들은 얼큰하고 걸쭉한 탕 종류를 먹을 때 시원하다고 표현한다. 찬이 별로 없는 한 그릇 음식임에도 탕을 먹은 날은 포만감을 느낀다. 고사리, 토란대, 고구마줄기 등 말린 나물을 듬뿍 넣고, 단맛으로 물오른 겨울 대파도 넣어 칼칼한 매운맛의 채개장을 끓였다. 배추, 버섯, 냉이 등을 함께 넣어도 좋다.

무청시래기뽀글장

기본재료 | 삶은 무청시래기 3줌, 표고버섯 10개, 삭힌 고추 또는 매운 생고추 4개, 물 2컵
양념 | 된장 4큰술, 들기름 2큰술, 현미유 2큰술, 간장 1큰술, 조청 2큰술

만들기

1 삶은 무청은 다지듯 곱게 썬다.

2 표고버섯, 고추는 다진다.

3 냄비에 무청, 표고, 고추, 된장, 간장, 조청, 물을 넣고 끓인다.

4 무청이 부드러워지면 들기름, 현미유를 넣고 수분이 자작해질 때까지 졸인다.

무청은 생것보다는 말린 시래기를 주
로 먹는다. 무청시래기를 삶아서 된장
과 함께 끓인 뽀글장은 밥도둑이다. 따
뜻한 보리밥에 비벼 먹어도 맛있고, 쌈
장으로도 그만이다. 또한 쌈장에 뜨거
운 물만 부으면 장국이 된다.

김치를 이용한 음식

김치 종류만큼이나 김치를 이용한 음식도 다양하다. 가을에 김치를 욕심껏 담갔던 것은 만두, 찌개, 국, 전, 볶음밥 등 김치를 활용해 만들 수 있는 음식이 많았기 때문이다. 신 김치, 짠 김치, 맛없는 김치까지도 물에 우려서 볶음, 국, 무침 등으로 활용한다. 잘 발효된 김치 국물은 유산균이 많으니 버리지 말고 다양하게 활용해보자.

동치미유자국수

기본재료 | 국수 2인분, 동치미 무 1/8개, 동치미 국물 4컵, 맛물 3컵
양념 | 유자청 2큰술, 식초

만들기

1 동치미 국물에 맛물, 유자청을 넣고 국수용 국물을 만들어 살얼음이 생기도록
  1시간 이상 냉동한다.

2 동치미 무는 납작하게 썬다. 동치미에 들어 있는 파, 갓, 삭힌 고추 등도
  먹기 좋은 크기로 썰어 유자청을 넣고 무쳐 고명을 만든다.

3 국수를 삶아 찬물에 여러 번 헹군 후 그릇에 담고 국물과 동치미 고명을 올린다.

4 기호에 따라 식초를 조금 첨가한다.

살얼음 낀 동치미 국물에 국수를 말았
다. 여기에 유자청을 넣어 상큼함을 더
했더니 맛이 새롭다. 아삭한 동치미 무
와 가끔씩 씹히는 유자 과육이 면과 잘
어울린다. 기름진 음식을 먹을 때 함께
먹으면 개운하다. 메밀국수나 냉면용
국수를 말아도 좋다.

갓김치페스토

기본재료 | 갓김치 200g, 무김치 100g
양념 | 매운 고추 2개, 된장 1큰술, 현미유 3큰술, 조청 2큰술, 간장 1큰술

만들기

1 갓김치, 무김치는 물에 여러 번 헹궈 찬물에 약 30분간 담가 김치 맛을 우려낸다.

2 우려낸 김치를 고추와 함께 곱게 다진다.

3 깊은 팬에 다진 김치와 물 1컵을 넣고 중불에서 부드러워질 때까지 끓인다.

4 김치가 다 익으면 된장, 현미유, 조청, 간장을 넣고 계속 저어가며 볶는다.

5 수분이 촉촉하게 남을 정도가 되면 불을 끈다.

＊ 갓김치 대신 무청김치도 가능하다.

곰삭은 갓김치와 무김치를 곱게 다져 된장을 넣고 페스토를 만들었다. 따뜻한 밥에 얹어 비벼 먹기도 하고 비빔국수나 채소볶음에 양념장으로도 활용하는 만능 장이다. 올리브유, 마늘, 갓김치 페스토를 넣은 파스타도 맛이 개운하고 감칠맛이 난다.

김치콩나물밥

기본재료 | 쌀 2인분, 김치 1/4포기, 콩나물 100g, 무 100g, 들기름 2큰술
양념 | 양념장(간장 2큰술, 물 1큰술, 매실청 1큰술, 다진 쪽파 1큰술, 참기름, 참깨)

만들기

1 쌀을 씻어 밥솥에 넣고 밥물은 기준보다 1/4정도 적게 붓는다.

2 김치는 김치 속과 국물을 털어내 잘게 썰고 무는 채썬다.

3 쌀 위에 썰어놓은 김치, 무, 콩나물, 들기름을 넣고 밥을 짓는다.

4 양념장을 만들어 밥과 함께 낸다.

  * 김치를 넣어 지은 밥은 고슬고슬해야 맛있다. 김치와 무 등에서 수분이 나오므로
    밥물은 평소보다 적게 붓는다.

김치밥은 주로 추운 이북 지역에서 기름기 많은 돼지고기를 듬뿍 넣고 김치를 큼직하게 썰어 넣어 해먹던 음식이다. 요즘은 지역 경계 없이 겨울철 별미로 해먹는다. 돼지고기 대신 들기름을 넣어 밥을 지었다. 지방 성분 때문에 윤기가 흐르는 김치밥은 자극적이지 않고 맛이 부드럽다.

늙은호박김치찌개

기본재료 │ 늙은호박김치 500g, 두부 1/2모
양념 │ 고추장 1큰술, 매실청 2큰술, 현미유 2큰술, 들기름 1큰술, 대파 1줄, 물 2컵

만들기

1 냄비에 늙은호박김치와 김치 국물, 현미유를 넣고 중불에서 볶는다.
2 김치가 어느 정도 익으면 물, 고추장, 매실청, 들기름을 넣고 끓인다.
3 두부는 큼직하게 썰고 대파는 어슷썰기 한 후 찌개에 넣어 가볍게 끓인다.

늙은호박김치가 푹 익으면 그때 꺼내서 찌개를 끓인다. 호박이 입안에서 스르르 녹아 없어지는 달달한 김치찌개다. 흐물흐물해진 호박을 밥에 얹어 비벼 먹으면 맛이 새콤하고 달다. 돼지고기를 넣지 않는 대신 현미유와 들기름을 넣어 끓인다.

김치쌈밥

기본재료 │ 배추김치 1포기, 밥 2인분
양념 │ 양념장(고추장 2큰술, 된장 1/2큰술, 다진 호두 또는 견과류 2큰술, 다진 쪽파 1큰술,
　　　　　　 다진 마늘 1작은술, 참기름 1큰술, 조청 1큰술)

만들기

1 배추김치는 양념을 털어내고 찬물에 몇 번 씻어낸 후 물에 약 20분간 담가놓는다.

2 준비한 양념장 재료를 섞어 장을 만든다.

3 배추김치는 물기를 적당히 짠 후 큼직하게 썬다.

4 김치에 밥, 양념장을 올려 쌈밥을 만든다.

김치쌈밥은 한겨울보다는 봄이 가까워
올 때 생각나는 음식으로 담백한 맛이
미각을 깨운다. 김치를 오래 우리면 맛
이 싱겁고, 짧게 우리면 짠맛과 신맛 등
이 그대로 남아 있어 기대하는 맛을 얻
지 못한다. 우려내는 시간이 중요하므
로 중간에 한두 번 맛을 보며 조절한다.

콩 발효음식

한국의 된장, 고추장, 간장, 청국장, 일본의 낫토, 중국의 첨면장(춘장), 인도네시아의 템페 등은 콩 발효 식품이다. 최근 들어 채식을 즐기는 이들 사이에서 인도네시아의 템페가 인기다. 템페와 낫토, 춘장 등은 국내에서도 생산되고 있다. 나라마다 발효 방법과 발효 기간, 콩의 종류는 달라도 모두 몸에 좋은 건강 식품으로 인정받고 있다.

된장소스비빔밥

기본재료 | 밥 2인분, 배추속잎 3장, 무 50g, 세발나물 2줌
양념 | 된장소스(된장 1큰술, 오미자발효액 2큰술, 물 2큰술), 매운 고추 2개, 참기름 2큰술

만들기

1 배추, 무는 곱게 채썰고, 세발나물도 같은 길이로 썬다.
2 고추는 다진다.
3 된장소스를 만들고 다진 고추를 넣어 섞는다.
4 밥에 준비한 나물을 올리고 된장소스와 참기름을 넣는다.

* 된장소스는 미리 만들어 숙성시키면 맛이 깊고 부드럽다.

곱게 채썬 배추와 무, 세발나물을 넣고 된장소스로 간을 한 상큼한 비빔밥이다. 생된장에 오미자발효액을 넣고 소스를 만들었다. 오미자발효액 대신 매실청이나 고추청을 넣기도 한다. 신선한 채소를 듬뿍 넣은 된장소스비빔밥은 고추장비빔밥만큼이나 맛있다. 사과, 배, 단감 등을 넣어 상큼한 과일 맛을 더해도 좋다.

청국장찌개

기본재료 | 청국장 1컵, 감자 1개, 양파 1/2개, 단호박 1/4개, 두부 1/2모, 맛물 3컵
양념 | 대파 1줄, 매운 고추 1개, 된장 1/2큰술, 간장 1큰술, 고춧가루 2작은술, 현미유 2큰술

만들기

1 감자, 양파, 단호박은 사방 1cm 크기로 깍둑썰기한다.

2 두부는 사방 2cm 크기로 썰고 파와 고추도 썰어놓는다.

3 냄비에 현미유를 두르고 썰어놓은 감자, 양파, 단호박, 파 1/2을 넣고 볶는다.

4 재료가 익어 투명해지면 맛물, 된장, 고춧가루를 넣고 끓인다.

5 4에 청국장을 넣고 끓이다가 두부, 파, 매운 고추를 순서대로 넣으며
  간을 본 후 마무리한다.

청국장은 냄새 때문에 호불호가 갈리던 음식인데 요즘엔 맛이 많이 순해졌다. 신 김치를 넣고 자극적인 맛의 청국장을 끓이기도 하고 채소만 넣은 순한 맛 청국장을 끓이기도 한다. 된장을 넣어 감칠맛을 냈다.

템페오픈샌드위치

기본재료 | 템페 1개, 바게트 빵 6쪽, 사과 1/2개, 쌈채소 8장, 당근 1개
양념 | 간장소스(간장 3큰술, 물 3큰술, 조청 2큰술),
당근무침 양념(올리브유 2큰술, 레몬청 1큰술, 씨겨자소스 2작은술, 소금, 후추)

만들기

1 템페는 납작하게 썰어서 사용하기 하루 전에 미리 간장소스에 재워놓는다.

2 간장소스에 재워놓은 템페는 팬에 기름을 두른 후 바삭하게 굽는다.

3 당근을 곱게 채썰어 당근무침 양념에 버무린다.

4 바게트에 올리브유를 뿌리고 250도 오븐에서 약 10~15분간 굽는다.

5 사과는 5mm 두께로 반달썰기해 팬에 굽는다.

6 빵에 쌈채소, 당근무침, 사과, 템페를 올린다.

템페는 인도네시아 발효 콩이다. 생으로 먹어보면 간이 되어 있지 않고 발효콩 특유의 냄새도 없어 방금 만든 메주 같다. 먹기 하루 전에 간장소스에 재워두거나 조리하는 과정에서 양념을 한다. 팬에 구우면 바삭하고 고소하다. 맛이 강하지 않아 다른 재료들과 잘 어우러진다.

낫토찹쌀떡

기본재료 | 낫토 5개, 찹쌀떡 200g
양념 | 원당 1컵, 물 1컵, 생강청 1큰술, 간장 2작은술

만들기

1 원당과 물을 섞어 원당을 완전히 녹인 후 생강청 1큰술을 넣고
   약불에서 살짝 끓여 설탕시럽을 만들어 식힌다.

2 찜기의 물이 끓으면 찹쌀떡을 넣고 약 10분간 찐 후 식힌다.

3 찹쌀떡을 한 입 크기로 잘라 끓여놓은 설탕시럽에 잠시 재워놓는다.

4 낫토는 간장 2작은술을 넣고 흰 실이 나올 때까지 젓가락으로 젓는다.

5 재워놓은 떡을 한 개씩 떼어 낫토를 듬뿍 묻혀 그릇에 담는다.

   ＊ 원당 대신 조청을, 생강청 대신 생강 한 조각을 찧어 즙을 내서 사용해도 된다.

일본 영화 〈리틀 포레스트〉에 나온 낫토 찹쌀떡이다. 청국장과 비슷한 낫토와 떡의 조합이라 호기심을 자극했다. 어린 시절, 생강조청에 담갔다가 먹었던 찹쌀떡이 생각나 설탕시럽을 만들어 낫토에 버무렸다.

낫토덮밥

기본재료 | 밥 2인분, 낫토 4개, 자색감자 2개, 연근 1/3개
양념 | 간장소스(간장 1큰술, 맛물 2큰술, 조청 1큰술), 쪽파 3줄, 참기름, 소금

만들기

1 자색감자와 연근은 각각 2~3mm 두께로 썰어서 물에 조물조물 씻어
  녹말 성분을 뺀 후 물기를 닦는다.
2 쪽파는 곱게 다진다.
3 낫토는 그릇에 담아 흰 실이 나오도록 젓가락으로 저어놓는다.
4 팬을 달궈 기름을 두르고 감자와 연근에 소금을 뿌려 노릇하게 굽는다.
5 밥 위에 구운 연근, 감자, 낫토를 올리고 간장소스, 참기름, 파를 뿌린다.

낫토는 청국장과는 달리 생것으로 먹
어 살아 있는 유익균을 그대로 흡수할
수 있다는 장점이 있다. 보통은 간장,
겨자, 김가루 등을 뿌려 따로 먹는데 감
자, 연근과 함께 밥에 올려 한 그릇 밥
을 완성했다.

바다채소

해초는 겨울 밥상에서 만날 수 있는 신선한 바다 생채소다. 바닷물이 찬 늦가을부터 이른 봄까지가 제철인데 살이 통통하게 오르고 향이 짙다. 파래는 해초 중에서도 향이 유독 진하고 철분 함량이 높다. 매생이 역시 칼슘, 철분, 단백질 등이 풍부하며 동결건조해 상품으로 나오기도 한다. 톳 역시 각종 영양분이 풍부하고 포만감을 주는 식재료다.

파래빙떡

기본재료 | 파래 2줌, 메밀가루 1컵, 물 2컵, 무 1/3개
양념 | 양념간장(간장 1큰술, 물 2큰술, 식초 1작은술, 다진 고추 1작은술),
들기름 2큰술, 소금 1작은술

만들기

1 손질한 파래를 1cm 길이로 자른다.

2 메밀가루에 물, 소금, 파래를 넣고 고루 섞는다.

3 무는 5~6cm 길이로 채썰어 끓는 물에서 숨이 죽을 정도로만 데쳐 식힌다.

4 무에 들기름과 소금을 넣고 버무린다.

5 팬을 약불에서 서서히 가열한 후 기름을 조금 두르고 메밀 반죽을 얇게 펴서
앞뒤로 뒤집으며 부친다.

6 부친 메밀전병에 무를 올려 돌돌 만다.

7 한 입 크기로 썰어 양념간장과 함께 낸다.

메밀 반죽에 파래를 넣고 전병을 부치
니 파래 향이 은은하다. 부드럽고 담백
해 뒷맛에 긴 여운이 남는다. 파래무침
을 하고 남은 재료로 계획 없이 만들어
본 음식인데 뜻밖에도 맛이 훌륭하다.
고추를 넣은 매콤한 양념간장과 들기
름소금장에 찍어 먹는다.

파래과일샐러드

기본재료 | 파래 2줌, 배 1/4쪽, 사과 1/4쪽, 단감 1/2개, 밤 6개
양념 | 샐러드소스(올리브유 3큰술, 다진 레몬소금 2작은술, 후추)

만들기

1 파래는 씻어서 3~4cm 길이로 썬다.

2 밤은 편으로 썬다.

3 사과, 배, 단감은 채썰거나 얇게 반달썰기한다.

4 준비한 재료를 그릇에 담고 샐러드소스를 뿌린다.

파래만큼 향이 진한 해초도 드물다. 신선한 파래 향을 마음껏 즐기고 싶어 과일과 함께 샐러드를 만들었다. 바다 채소와 겨울 과일, 레몬 향이 의외로 조화롭다. 샐러드소스 대신 초고추장을 넣어 비비면 파래과일무침 반찬이 된다.

톳솥밥

기본재료 │ 밥 2인분, 톳 3줌, 단무지 6쪽
양념 │ 쪽파 2줄, 현미유 1큰술, 참기름 1큰술, 소금

만들기

1 톳은 끓는 물에서 살짝 데친 후 찬물에 헹궈 줄기를 훑어 알알이 분리한다.
2 단무지는 곱게 다지고 쪽파는 송송 썬다.
3 작은 냄비에 현미유를 두르고 밥, 톳, 단무지, 파, 참기름, 소금을 넣는다.
4 중불에서 노릇하게 누룽지가 생기도록 7~8분 가열한다.
5 기호에 따라 양념간장을 끼얹어 먹는다.

톳과 무, 톳과 버섯을 넣고 지은 밥 등 다른 반찬 없이도 술술 넘어가는 것이 영양 많은 톳밥이다. 일식집에서 나오는 뚝배기 알밥처럼 단무지를 곱게 다져 톳과 함께 냄비에 밥을 지었다. 다 먹고 난 후 적당히 누른 누룽지에 물만 붓고 끓여 누룽지탕도 만든다.

바다채소파스타

기본재료 | 톳 2줌, 세발나물 2줌, 파래가루 2작은술, 삶은 파스타면 2인분
양념 | 표고버섯 2개, 마늘 6쪽, 올리브유 3큰술, 실고추 조금

만들기

1 톳은 끓는 물에서 살짝 데친 후 찬물에 헹궈 줄기를 훑어 알알이 분리한다.

2 세발나물은 2~3등분한다.

3 표고버섯은 곱게 다지고 마늘은 편으로 썬다.

4 팬에 올리브유를 넉넉히 두르고 표고버섯, 마늘을 넣고 약불에서 볶는다.

5 표고와 마늘 맛이 우러나면 톳, 실고추를 넣고 약불에서 살짝 볶는다.

6 삶은 파스타면을 넣고 볶으며 면수로 간과 농도를 조절한다.

7 접시에 파스타를 담고 파래가루를 뿌린다.

　* 파래가루 만들기_깨끗이 씻은 파래를 물기를 꼭 짜고 종이 포일에 얇게 편다.
　　전자레인지에서 30분 정도 말린 후 가루를 낸다.

톳과 세발나물을 넉넉히 넣고 파스타를 만들었다. 톳의 비릿한 바다 내음과 신선한 세발나물이 조화롭다. 여기에 치즈가루 뿌리듯 말린 파래가루를 듬뿍 뿌렸더니 바다향이 진하다. 톳의 식감이 부담스럽다면 곱게 다져서 사용한다.

해초비빔국수

기본재료 | 국수 2인분, 꼬시래기 2줌, 파래 2줌, 세발나물 2줌, 무 1/2토막

양념 | 양념장(간장 4큰술, 매실청 4큰술, 식초 1큰술, 다진 고추 1개, 고추냉이소스 1작은술,
고춧가루 2큰술, 참기름 2큰술, 참깨 1큰술)

만들기

1 꼬시래기는 물에 약 30분간 담가 염분기를 뺀 후 끓는 물에 살짝 데쳐 헹군다.

2 꼬시래기, 세발나물은 2~3등분한다.

3 파래는 깨끗이 씻어 물기를 빼고, 무는 채썬다.

4 양념장을 만든다.

5 국수를 삶아 그릇에 담고 해초, 세발나물, 무를 올려 양념장과 함께 낸다.

국수처럼 길고 쫄깃한 꼬시래기, 향이
진한 파래, 적당한 소금기로 전체 맛을
잡아주는 세발나물 등 한 그릇에 여러
가지 맛과 향, 식감이 다른 해초와 나물
로 비빔국수를 했다. 양념장엔 고춧가
루, 고추냉이소스를 넣어 깔끔한 매운
맛을 냈다.

겨울 과일

요즘엔 디저트로만 생각하던 과일로 한 끼 식사를 대신하기도 한다. 사계절 과일이 풍부한 동남아시아 지역에는 양념을 해서 볶고 찌고 튀기는 다양한 과일 요리들이 오래전부터 전해내려오고 있다. 제철 과일을 충분히 먹으면 겨울철 부족하기 쉬운 비타민C도 보충하고, 면역력을 높일 수 있다. 신선한 과일로 움츠러드는 몸을 깨워 건강을 챙겨보자.

오미자청 뱅쇼

기본재료 | 오미자청 300ml, 귤 3~4개, 사과 1개, 배 1/2개, 레몬 1/2개, 금귤 5알, 물 1.2리터
통후추 10알, 생강 1쪽, 시나몬 스틱 3개, 팔각 2개, 정향 5개

만들기

1 과일은 큼직하게 썰고, 생강은 편으로 썬다.

2 물에 과일과 후추, 시나몬, 생강, 팔각, 정향 등을 넣고 중불에서 뭉근히 끓인다.

3 재료의 맛이 충분히 우러나면 건더기를 건져내고 오미자청을 넣고 한소끔 끓인다.

4 컵에 오미자청뱅쇼를 담고 과일이나 시나몬 스틱을 띄운다.

＊ 마른 오미자를 물에 우려 오미자청 대신 사용할 경우에는 황설탕을 넣는다.

유럽의 겨울 음료 뱅쇼는 민간요법 감기약이자 쌍화차다. 붉은 포도주에 비타민C가 풍부한 과일과 약성이 뛰어난 허브를 넣고 끓인 음료다. 끓이는 과정에서 알코올 성분은 증발하고 달콤한 과일과 허브향이 난다. 붉은 포도주 대신 오미자청을 넣어 뱅쇼를 만들었다. 과일도 풍성하고 다른 재료들도 쉽게 구할 수 있어 늦가을부터 겨울까지 자주 만들 수 있다.

과일김치

기본재료 | 사과 1개, 배 1/2개, 단감 1개, 홍시 1개, 배추 잎 2장, 미나리 2줌
양념 | 고춧가루 2큰술, 간장 1큰술, 소금 1작은술, 식초 1큰술

만들기

1 사과, 배, 단감은 1/4 쪽으로 자른 후 3~4mm 두께로 자른다.

2 배추도 과일과 같은 크기로 자르고 미나리는 3~4cm 길이로 썬다.

3 홍시는 껍질과 씨앗을 빼고 과육만 분리한다.

4 그릇에 썰어놓은 재료를 담고 고춧가루, 간장, 소금, 식초, 홍시를 넣고 버무린다.

집에 있는 과일 맛이 덜할 때 주로 만든
다. 신맛, 단맛, 아삭한 식감의 과일을
고루 섞어 김치를 한다. 과일로 만든 김
치라고 하면 생소할 수도 있으나 매우
익숙한 맛이다. 바로 먹거나 하루 정도
숙성시키는 즉석 김치다.

과일오일절임

기본재료 | 사과 1/2개, 키위 1개, 단감 1/2개, 배 1/4개, 견과류 1/2컵, 말린 과일 1컵
양념 | 레몬청 4큰술, 올리브유, 후추, 소금

만들기

1 과일은 사방 1cm 크기로 자른다.

2 말린 과일, 레몬청 과육도 비슷한 크기로 썬다.

3 크기가 큰 견과류도 비슷한 크기로 부순다.

4 그릇에 재료와 양념을 담아 고루 섞은 후 올리브유를 넉넉히 붓는다.

   ＊ 레몬청 대신 생레몬과 메이플시럽을 사용해도 된다.

여러 종류의 신선한 과일을 썰어 넣고, 말린 과일과 견과류, 올리브유를 넣어 절인다. 술안주나 샐러드, 카나페용으로 즐겨 만든다. 만든 후 바로 먹거나 병에 담아 저장한다. 두부를 함께 넣으면 포만감을 높일 수 있다.

귤사과파이

기본재료 | 통밀 또띠아 4장, 중간크기 귤 2개, 중간크기 사과 1개
양념 | 설탕, 소금, 시나몬가루, 올리브유, 생타임

만들기

1 귤은 껍질째 동글납작하게 썰고 사과는 귤과 비슷한 두께로 반달썰기한다.

2 또띠아 한 장을 펴고 올리브유를 바른 후 위에 또 한 장을 올린다.

3 또띠아 위에 썰어놓은 귤과 사과를 골고루 펴서 올린다.

4 과일 위에 소금을 조금 뿌리고 설탕, 시나몬가루를 뿌린다.

5 오븐 그릇에 오일을 두른 후 파이를 올린다.

6 250도로 예열한 오븐에서 약 10분간 굽고 완성되면 타임을 뿌린다.

조리법이 너무 간단해서 자주 만들고 싶은 요리다. 오븐에 구운 귤과 사과 맛이 더욱 달콤하고, 차와도 잘 어울린다. 또띠아 대신 만두피를 여러 장 겹쳐서 만들기도 한다. 통밀 또띠아는 우리밀로 만든 것으로 생활협동조합 등에서 구입할 수 있다.

딸기비빔국수

기본재료 | 붉은색 국수 2인분, 딸기 300g, 사과 1/4개, 무 1/2토막
양념 | 대파 1토막, 고추 2개, 딸기잼 1큰술, 오미자발효액 1큰술, 식초 1큰술, 간장, 소금

만들기

1 딸기는 씻어서 2/3 정도를 손으로 으깨어놓는다.

2 사과와 무는 가늘게 채썬다.

3 파는 곱게 어슷썰기하고 고추는 다진다.

4 국수를 삶아 헹군다.

5 그릇에 으깬 딸기, 사과, 무 등 국수를 제외한 재료를 모두 넣고 가볍게 버무린다.

6 버무린 재료에 국수를 넣고 비빈 후 소금으로 간을 맞추고 딸기를 올린다.

> * 딸기가 아니어도 배, 단감, 귤 등 서로 어울리는 과일과 채소를 조합하면
> 전혀 새로운 맛의 비빔국수를 만들 수 있다.

딸기를 으깨어 넣은 상큼한 비빔국수
다. 단맛은 딸기잼으로 더하고 오미자
발효액과 식초로 새콤한 맛을 더했다.
샐러드 같은 비빔국수다. 딸기는 향이
과하지 않아서 음식 맛을 내는 재료로
다양하게 사용할 수 있다.

제철 재료 듬뿍

채소 과일 레시피

초판 1쇄 발행 2024년 4월 15일
초판 2쇄 발행 2024년 6월 5일

지은이   박경희
펴낸이   진영희
펴낸곳   (주)터치아트
출판등록   2005년 8월 4일 제396-2006-00063호
주소   10403 경기도 고양시 일산동구 백마로223, 630호
전화번호   031-905-9435 팩스 031-907-9438
전자우편   touchart@naver.com

ISBN 979-11-87936-62-6 13590